0基礎也好懂！科技素養與邏輯力躍進的第一步！

電腦&程式設計知識圖鑑

石戶奈奈子／監修　童小芳／譯

有天晚上——
瑞可，快點去洗澡～
好～
斯佩爾柏格導演的最新力作！
終極的AI，將你推入恐怖深淵之中!!
登登登登登登
驚嚇
20XX年，一名神祕科學家創造出的最強AI突然暴走，對人類展開攻擊!!人類究竟能不能逃離AI的魔爪……?!
啊啊～
碰！
哇
嗚哇啊啊啊啊啊……
問你們喔，AI是什麼呀？
就是參考人類的大腦與思考方式打造而成的一種電腦。
什麼?!電腦會攻擊人類嗎?!
哈哈，妳說的是電影劇情吧？不過如果未來真的發生，會很頭大呢～！
畢竟最近的AI真的很厲害，而且還愈來愈聰明……

等到瑞可長大後，搞不好AI真的已經主宰人類了～！
哈哈哈哈哈
嘿嘿嘿嘿～
啊～
大受打擊
嗚哇！這種未來太恐怖了～！
砰
包緊緊
隔天
嗚嗚……昨天的電影預告太嚇人了……
腳步沉重
吼～～我的將來究竟會變成什麼樣啊～
嗯？
啊，是占卜師！
請他幫我占卜一下未來好了！
占
不好意思，我想占卜……
好呦～
咿——
啊——!!

請不要突然大叫呦！
嚇我一跳……
對、對不起……你是機器人吧？
哈囉
是呦！我是占卜機器人，小千！
請多指教呦！
滾動滾動
如此這般這個那個……
所以呀，總覺得AI之類的電腦都好可怕……
我該怎麼做才能避免以後跟他們扯上關係呢？希望你幫我占卜看看。
唉唉……
原來如此~
斬釘截鐵
辦不到呦！
什麼~?!
為什麼?!不對呀，你根本還沒占卜嘛!!
這種事就算不占卜也知道呦。
瑞可，妳對這件事有一些誤解呦。
現在正在跟妳對話的我體內也裝了電腦，
更何況我們這些電腦是為了協助妳們人類才存在的呦！

小千的體內也有電腦……??
什麼！
心驚
那、那麼小千也有可能攻擊人類囉……?!
才不會！根本溝通不良呦……
瑞可之所以這麼害怕，一定是因為不夠了解呦。
拿
可以用這顆水晶來瞧瞧呦！
鏘～
哇啊～好美喔！可以用它來看到未來嗎？
閃亮
閃亮
震動……
咦？
滋滋滋
震動……
嗚啊——！
來吧，要出發囉！
咦咦咦～這麼突然要去哪?!
讓我們一同前往電腦的世界吧——！
哇啊啊啊啊啊啊啊
旋轉捲ㄚ

目次

本書的主要登場人物

瑞可

有一點膽小的小學四年級生。
喜歡用平板電腦
或智慧型手機玩遊戲。
不曾體驗過程式設計。

小千

瑞可在路上偶然遇到的
「占卜機器人」。
擁有神奇的力量，
帶著瑞可進入電腦的世界。

爸爸＆媽媽

瑞可的父母。
時常調侃膽小的瑞可，
卻總是溫柔地守護著她。

第1章

歡迎來到
電腦的世界！

說起來，電腦究竟是什麼？
它的內部構造為何？
本章節將介紹電腦的類型、
零件及其功能。

喔！
嗚嗚，到底發生什麼事了？
好痛……
俐落
咻——
哎呦！
咚！
鏘～～～
哇～～～！
瑞可，歡迎來到電腦的世界！

與電腦相關的所有物件都生活在這個世界裡呦。
只要妳能和他們和睦相處，一定能明白電腦一點也不可怕呦。
東張
西望
電腦生活的世界……??
太突然了，完全搞不懂是怎麼回事……
我已經想回到原本的世界了……
瑞可之所以這麼害怕，一定是因為不夠了解呦。
……
沒錯，如果什麼都不懂，我就會一直都很害怕……
握拳
我知道了！我會努力和大家打成一片的！
士氣高昂
啊，那個孩子跟我家的個人電腦長得好像！我去跟他聊聊天！
這就對了喲！不過電腦可不只有個人電腦呦～
什麼？電腦不就是指個人電腦嗎……??

Q1 電腦指的是個人電腦嗎？

1
電腦應該是指這樣子的東西吧？
個人電腦
2
嘿嘿！常被妳用來玩遊戲的我也是一種電腦喔！
敏捷
蹦出
我也是電腦呢！
智慧型手機
平板電腦
3
咻～
家電內部必有我的身影……
可別忘了我的存在！
單晶片微電腦
哇哇！
超級電腦
4
妳每天的生活就靠我們來輔助！
Yeah
一列排開！

A 不光是個人電腦，電腦其實有各式各樣的類型喔。

除了個人電腦外，電腦還有很多種類型。較具代表性的是，便利生活中不可或缺的智慧型手機與平板電腦、控制家電等的單晶片微電腦，以及因超群的計算能力而被用於研究或開發的超級電腦。

我們身邊的所有事物都是靠電腦運作，少了電腦的存在，會變得難以維持現在舒適的生活。也就是說，大家都在生活中不知不覺地熟練了電腦的運用。

身邊充斥著以電腦運作的事物

家中

只要按下電視、空調或遊戲機等家電的按鈕，便可執行內部電腦所預定的動作。

掃地機器人是由電腦來判斷
最佳路線並移動

家電是靠操作按鈕或遙控器
來執行特定的動作

商店或設施內

自動門與電梯等會配合人類的動作而準確運作，是因為有電腦控制其運作。

只須以卡片碰觸，
電腦便會記錄付款資訊

自動門是由電腦感應人的進
出並發出開門的指令

街道上

紅綠燈與電車等都是由電腦所管控，會根據預定的條件運作，以便防止事故發生。

自動控制電車奔馳的速度
與車內廣播

根據既定條件讓紅綠燈在
「紅、綠、黃」三色間切換

個人電腦

無論學習、玩耍還是工作，我們都無所不能！
筆記型電腦
桌上型電腦

這是什麼樣的電腦？

家中或是學校等處常見的個人電腦是最為人所熟悉的電腦之一，常簡稱為PC。

除了擺在桌上使用的「桌上型」外，另有可折疊攜帶的「筆記型」及螢幕為觸控面板的「平板型」等，類型十分多樣。

基本資料

- 個性
  - 好奇心旺盛
- 出生地
  - 美國
- 經常出現的地方
  - 家中、學校與公司內
- 經常使用的人
  - 小學生乃至大人

擅長的事

可在螢幕上顯示多個視窗（作業畫面）並同時執行多項作業。可以邊上網查詢邊寫電子郵件，或是邊通話邊玩線上遊戲等。大螢幕的閱覽效果也絕佳！

活躍的領域！

想坐在某處利用大螢幕集中精神做點什麼時，個人電腦最為合適。如果會打字※，編寫長篇文章也毫不費力！可用來完成各種領域的作業，所以從玩耍、學習乃至工作都能廣泛運用。可說是生活中最可靠的盟友！

我很擅長「多工處理」，
可以同時
執行多項作業喔！

我也想知道這個！

Windows與Mac有什麼不同？

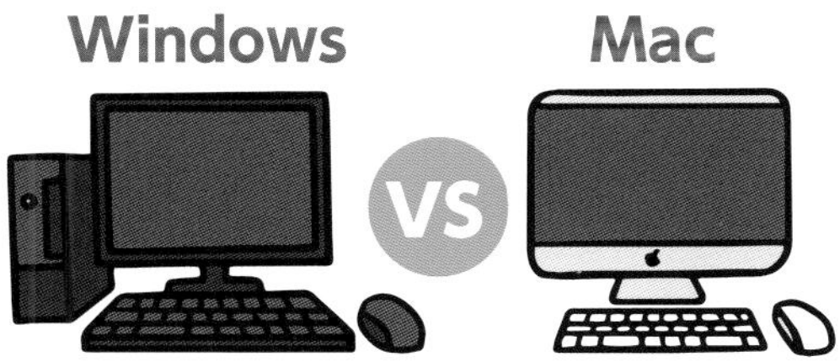
Windows
VS
Mac

Windows與Mac（Macintosh）是個人電腦中格外受歡迎的機型。這兩種電腦在OS（Operating System，作業系統）上有所不同。所謂的OS，是整套電腦驅動系統的基礎，操作畫面的顯示方式與使用的感受都會因OS而異。原則上，無論選擇哪一種，功能都大同小異，不妨選擇自己覺得用起來較順手的那一種。

※打字……指敲打鍵盤上的按鍵來輸入文字。

平板電腦&智慧型手機

不管去哪裡都帶著
我們一起去吧！
平板電腦
智慧型手機

基本資料

- 個性
  - 喜歡新事物
- 出生地
  - 美國
- 經常出現的地方
  - 包包或口袋中
- 經常使用的人
  - 小學生乃至大人

這是什麼樣的電腦？

就連看起來像塊薄板的平板電腦與智慧型手機，都是不折不扣的電腦夥伴之一。

螢幕為「觸控面板」，可以用手指等直接觸碰來操作。只須按一下名為圖標（icon）的小圖案就能啟動應用程式（app），無論是撥打電話或玩遊戲，每款app都有各式各樣的功能可以使用。

擅長的事

可以自由添加需要的應用程式，並改變設定以便自己使用。因為是直接觸碰螢幕來操作，使用起來比個人電腦還簡單！既輕且小便於攜帶，所以不管去到哪裡都能輕鬆使用。

我們可以跟隨你
到天涯海角喔☆

活躍的領域！

這類電腦大多又輕又小型，所以可放入包包或口袋中帶著走。可透過電話或SNS[※1]來取得聯繫，還可查看地圖以確認通往目的地的路徑等，外出時可發揮作用的功能不在少數！只要能連上網路[※2]，出門在外也能使用網際網路！

我也想知道這個！為什麼只要觸碰就可以操作？

就是這裡！
靜電
感應器

經常使用於平板電腦與智慧型手機的觸控面板，其表面覆蓋了一層導電的透明「膜」。微弱的靜電積聚於面板的表面，人的手指一碰，便會吸收該區的靜電。如此一來，主機的感應器會感應到螢幕何處的靜電變少，電腦便會配合手指觸擊區域所進行的動作來執行指令。

※1　SNS……社群網路服務（Social Networking Service）。指使用者之間可以互相交流的網站。
※2　網路……電腦之間透過有線或無線的方式來交換數據或資訊，如網子般串聯起來。

電腦

單晶片微電腦

我們是在背後默默支撐
人類生活的核心人物！

這是什麼樣的電腦？

又可以稱為「單晶片」或是「微電腦」。

名稱中的「微（micro）」是指稱極小之物時會使用的詞。

單晶片是將電腦所具備的功能全裝進1片小型IC晶片中所製成。體積雖小，卻等同於一台個人電腦，是活躍於各種地方的電腦。

基本資料

- □ 個性
  - 充滿工匠氣質
- □ 出生地
  - 美國
- □ 經常出現的地方
  - 家電或遊戲機等電器設備中
- □ 經常使用的人
  - 小學生乃至大人

驅動機器一事就包在我身上！
呼呼
吼～！

擅長的事

擅長驅動電鍋、冰箱與洗衣機等各式各樣的機器。過去必須將許多電子零件組合起來才能驅動機器，而如今只需一塊單晶片就辦得到，所以也有助於縮小機器的尺寸。

活躍的領域！

家裡的電器產品中一定都有使用單晶片。乍看之下與電腦毫不相干的產品中也大多裝有單晶片，比如體溫計、時鐘與免治馬桶等。這也意味著，如果沒有單晶片，如今的生活根本無法運作！

我也想知道這個！

日本自創的單晶片OS：「TRON」

請於前方600公尺處右轉。

據說全世界所用的電腦中約95%是單晶片。其中一半以上是由日本自創的「TRON」所驅動，這是由坂村健等人主導，並於1980年代開發的單晶片OS。「TRON」的機制是免費且公開的，取得者皆可自由地加以改造，因此後來被用於操作各種電子設備的單晶片上，比如汽車的導航、空調、引擎、數位相機與火箭等。

超級電腦

我們透過
複雜的計算
來支撐社會！

這是什麼樣的電腦？

這種電腦所具備的計算能力比其他電腦快得多。也會稱作「超級計算機」。電腦不斷推陳出新，性能也日趨提升，所以實際上並沒有明確的準則可以斷定「這就是超級電腦」。超級電腦是指在各個時代中性能特別優良的電腦。

基本資料

- 個性
  - 值得信賴
- 出生地
  - 美國
- 經常出現的地方
  - 研究室、觀測所與學術機構等
- 經常使用的人
  - 研究人員與工程師等

擅長的事

計算能力極快，所以有時只需1天就能完成個人電腦須耗費數年才能完成的計算！多虧超級電腦卓越的計算能力，才能短時間內完成其他電腦辦不到、大規模且複雜的計算。

大家的
安全生活就交由
我來守護！

活躍的領域！

可憑藉高超的計算能力詳細地模擬各種事物，因而常用於大學、研究室與公司等。也會用來守護安全的生活，有助於藥物的開發，還被活用來研究地震發生時的災情預測等。

我也想知道這個！

日本引以為傲的超級電腦「富岳」

提供：日本理化學研究所

日本也有不少超級電腦。其中日本理化學研究所與富士通共同開發的超級電腦「富岳」以超高性能著稱。「富岳」指的是富士山，蘊含著「願其具備如富士山般卓越的計算能力，並廣泛用於各種研究」的期許。超級電腦「富岳」可以執行每秒超過44京次（1京為1兆的1萬倍）的計算，並在2020年與2021年時，於計算能力等4個類別中居世界之冠。

Q2 電腦有哪些周邊產品？

要使用我們時，也要確認一下輸入與輸出設備是否也能正常運作喔。
輸入與輸出設備……？
將資料輸入電腦時所使用的便是輸入設備。
喀噠
喀噠
你好啊。
輸出設備則是用來顯示或輸出已輸入的資料。
你好啊
喔~
輸入與輸出設備是可以更換的，所以挑選自己合用的產品即可呦~。
USB
藍芽
Blue tooth

A 有些設備是用來輸入或輸出電腦內的資訊。

連接至電腦主機來使用的設備即稱為「周邊設備」。為了讓電腦使用起來更方便，周邊設備是不可或缺的。

周邊設備可以大致分為2大類，也就是用來將資訊輸入電腦的「輸入設備」與用來從電腦中提取資訊的「輸出設備」。

有些是使用USB傳輸線等有線的方式直接連接，有些則是透過Bluetooth等無線的方式來連接，其中有些甚至與電腦主機是一體成形的。

主要的輸入與輸出設備

輸出設備

[螢幕]

將電腦內部正在執行的作業狀態或已輸出的資訊顯示在畫面上。

輸入設備

[相機]

將拍攝的影像轉換成電流訊號並輸入電腦中。

輸入設備　輸出設備

[路由器]

串聯網路，讓電腦連上網際網路。

輸出設備

[印表機]

將從電腦輸出的資訊印在紙上。

輸入設備

[鍵盤]

按壓按鍵即可發送出電流訊號，並讓文字顯示於螢幕上。

輸入設備

[麥克風]

將匯集的聲音轉換成電流訊號並輸入電腦中。

輸入設備

[滑鼠]

指出或選取螢幕上顯示的內容。

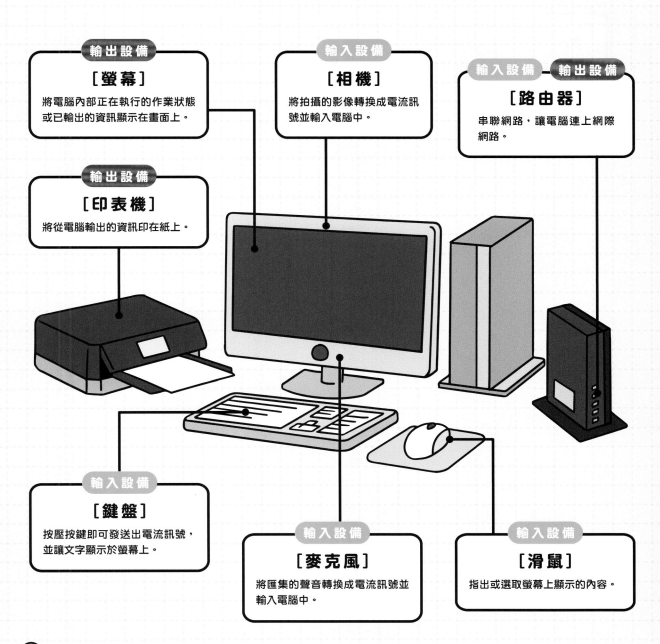

Q3 電腦的內部構造爲何？

A 許多零件是透過電子迴路串聯在一起的。

電腦內部的許多零件都被組在一塊如大黏土板般的「主機板」上，而零件與零件之間，則是透過遍布於主機板上的電子迴路加以串聯。

每個零件都各有各的特定工作，比如針對「點擊滑鼠」、「按壓鍵盤上的按鍵」等人類對電腦做出的動作加以處理並執行。

電腦主機、周邊設備及構成這些的零件統稱為「硬體」。

電腦內部的零件

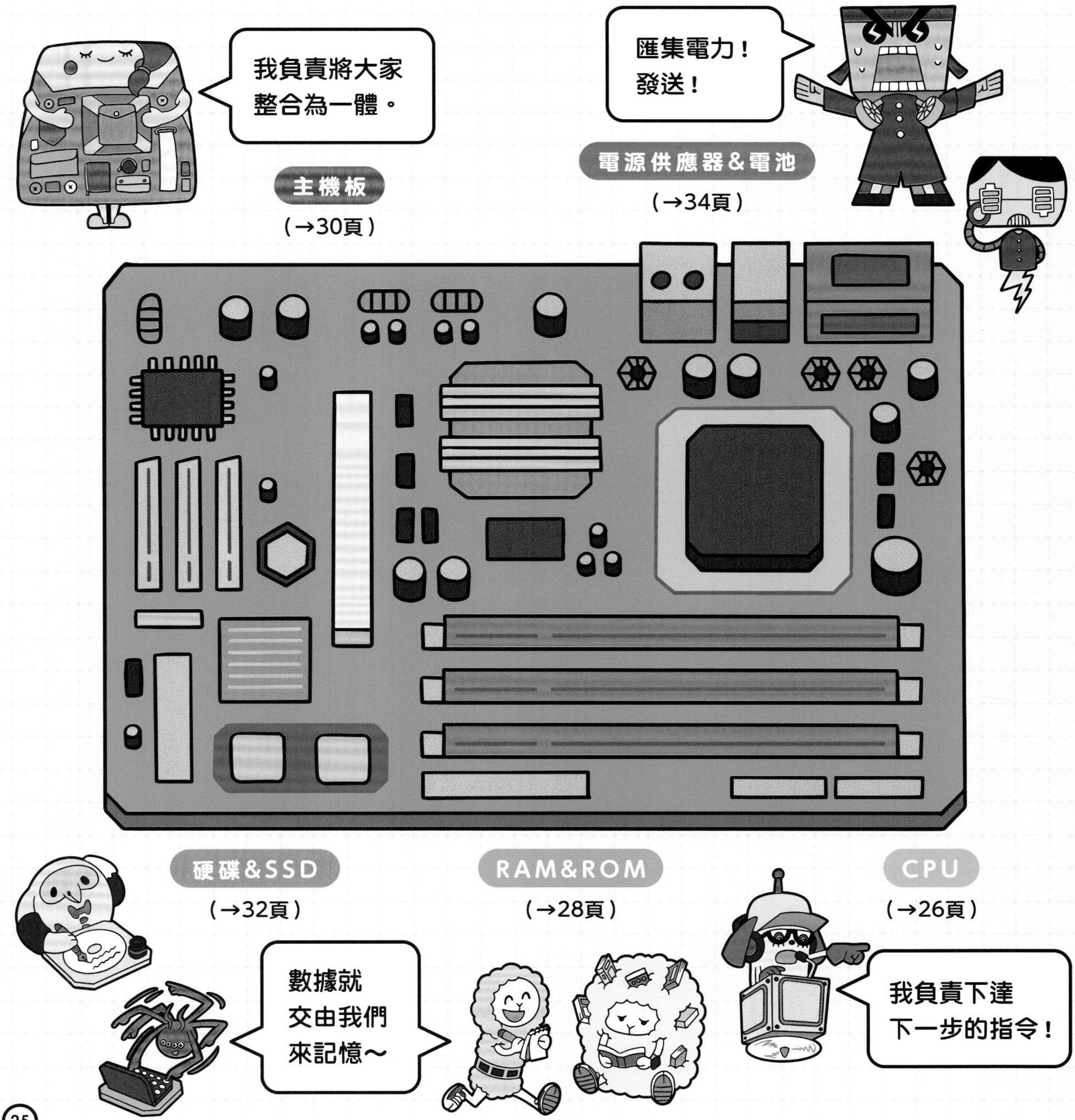

我負責將大家整合為一體。
主機板
（→30頁）
匯集電力！發送！
電源供應器&電池
（→34頁）
硬碟&SSD
（→32頁）
數據就交由我們來記憶～
RAM&ROM
（→28頁）
CPU
（→26頁）
我負責下達下一步的指令！

CPU

我是負責指揮大家的能幹領袖！

這是什麼樣的零件？

CPU是至關重要的零件，又被稱為「電腦的大腦」。會接收來自許多周邊設備的資訊，並以此為基礎來進行計算或傳送指令給其他零件。因此，CPU的作用會大大影響電腦的性能。

CPU的工作速度愈快，電腦愈可以在短時間內執行大量的任務。

基本資料

- □ 主要任務
  - 計算與控制
- □ 個性
  - 掌控者
- □ 名字的意思
  - 中央處理裝置
- □ 別名
  - 中央處理器

擅長的事

CPU可以連續完成電腦整體運作所需的複雜計算與處理作業。

所謂的「時脈頻率」是用來衡量CPU性能的基準，這個數值愈高則計算速度愈快。

由我來指示
大家要在何時
發揮什麼樣的作用！

活躍的領域！

CPU的工作便是告訴各零件運行的時機、或根據大量數據進行計算，使電腦內部的各種零件互相合作並且發揮作用。完成分內工作的同時，還會以領袖之姿整合電腦內部的各個零件。

相似的夥伴 GPU

三次元（3D）的電腦繪圖（CG）常用於遊戲、電視與電影等。為了創造出逼真的3DCG，需要進行相當龐大的計算。GPU便是製作3DCG時專門用來執行計算的零件。有了GPU，CPU就可以集中執行電腦整體的計算與指令。GPU在AI執行深度學習（詳見39頁）時也能發揮效用。

電腦零件

RAM & ROM

我們是電腦中的
文書二人組！
RAM
ROM

基本資料

- 主要任務
  - 負責記憶
    以利電腦執行作業
- 個性
  - RAM：健忘
  - ROM：謹慎
- 名字的意思
  - RAM：隨機存取記憶體
  - ROM：唯讀記憶體

這是什麼樣的零件？

電腦在執行某些作業時會儲存所處理的資訊（數據）等，該部位即所謂的「記憶體」。

RAM會在CPU進行計算時記住必要的資訊，是電腦運行不可或缺的記憶體；ROM則是專門讀取數據的記憶體，會在必要時提取並顯示資訊。

擅長的事

RAM可以多次重複讀寫數據，但是電源一旦關掉，就會隨即忘記原本正在處理的數據。而ROM無法寫入新的數據，但是電源關掉之後仍會記住數據，所以可以記錄重要的資訊。

我先把會馬上用到的數據記下來喔！
快速筆記

活躍的領域！

RAM就好比是CPU的「工作桌」，RAM的容量（可容納的數據量）愈大，電腦便可一次處理大量作業。

ROM也是容量愈大愈能記住大量的數據。

重要的數據我永遠不會忘記……

我也想知道這個！ 「GB」是什麼意思？

giga=10億倍
byte=數據的單位
GB

RAM與ROM的容量大小經常會以○○GB來表示。GB前面的數字愈大，表示容量愈大。B念作「byte」，是電腦數據的單位。G念作「giga」，意指「10億倍」。換句話說，1GB大約是10億B。

因為數字太大反而難以理解意思，所以經常使用GB這個單位。

主機板

我會用龐大的身驅將大家結合為一體！

這是什麼樣的零件？

主機板是組裝電腦時作為基礎的板子。電腦是由許多零件組合而成，而主機板有串聯各個零件的作用。

除了CPU與記憶體這類電腦內部零件之間的串聯，主機板還有將鍵盤與滑鼠等周邊設備連接至內部的作用。

基本資料

- 主要任務
  - 將零件串聯起來
- 個性
  - 有包容力
- 英文名字和意思
  - motherboard，作為母體的板子
- 別名
  - 母板

擅長的事

主機板上有著所謂的「插座」與「插槽」作為基礎，用來安裝CPU、記憶體與電源等。必須將各個設備安裝上去後，電腦才能開始運行。

如字面所示，主機板是將電腦整合為一的重要零件。

活躍的領域！

鍵盤與滑鼠等周邊設備可透過裝於主機板外側的「介面（居中連接處）」與電腦互通。不光是串聯電腦內部的零件，還有將外部設備連接至電腦的作用。

來吧，大家請到我身邊集合～！

我也想知道這個！ 主機板是由什麼所組成的？

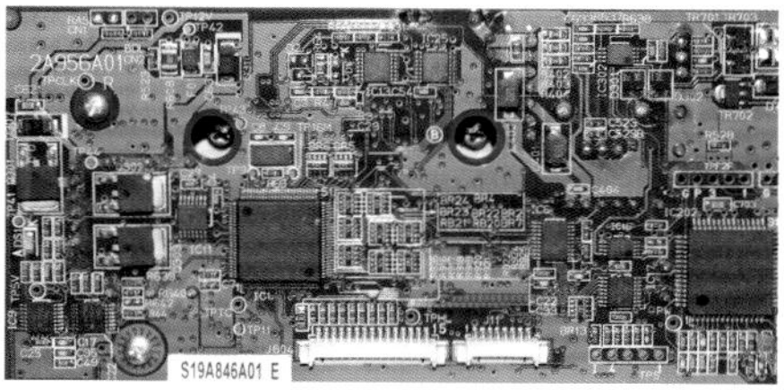
實際的主機板

主機板的本體是由不導電的塑膠所製成。硬質的塑膠板上印有以銅或鋁箔等所製成的電子迴路，並且備有用來安裝CPU的插座，和安裝記憶體等大量電子零件的插槽等。將許多零件安裝在主機板上，一台電腦便大功告成。

電腦零件

硬碟＆SSD

我們是記憶專家，圖像、影片或應用程式都難不倒！

這是什麼樣的零件？

是負責將圖像與文件等大量數據長期儲存於電腦中的零件。

硬碟是利用磁力在旋轉的圓盤上進行記錄，SSD則是在名為「記憶體晶片」的小型零件上進行數據的讀寫。其特色在於，硬碟的容量比SSD大，而SSD比硬碟安靜且小型。

基本資料

- □ 主要任務
  - 記憶
- □ 個性
  - 硬碟：穩重
  - SSD：急躁
- □ 別名
  - 硬碟：硬碟驅動器
  - SSD：快閃記憶體驅動器

擅長的事

多虧了硬碟或SSD，才能將圖像、影片與文件等重要數據儲存於電腦內。

只要硬碟或SSD的容量愈大，可儲存的數據量愈多，而這意味著可使用的應用程式等的數量也變多。

活躍的領域！

硬碟的壽命大多比SSD還要長，所以更適合長期儲存數據。

SSD既耐衝擊又耐熱，讀取數據的速度也快，所以使用者可更順暢地處理數據。

即便你忘了，
我們也會記住的～

我也想知道這個！ 輔助記憶裝置是可以外接的！

硬碟與SSD等用來長期儲存數據的零件即稱為「輔助記憶裝置」。

硬碟與SSD亦可利用USB傳輸線等從外部連接至個人電腦主機。如此一來，即便電腦主機的輔助記憶裝置的容量已滿，仍可透過此方式來增加電腦的數據儲存量。

電腦零件

電源供應器&電池

我們是電腦的
能量輸送隊!!
電源供應器
電池

基本資料

□ 主要任務
- 輸送電力

□ 個性
- 電源供應器：熱血
- 電池：冷靜

□ 經常出現的地方
- 電源供應器：個人電腦、家電
- 電池：
  個人電腦、平板電腦、
  智慧型手機

這是什麼樣的零件？

電腦需要電力才能運作。電源供應器與電池便是用來為電腦輸送電力的零件。電源供應器的工作是確保從插座輸入的電力可為電腦所用。另一方面，電池的任務則是先儲存電力（充電），以便電腦在沒有插座的地方也能運行。

擅長的事

從插座流入的電力與電腦內部所使用的電力，其電力流動的方式有所不同。電源供應器與電池所肩負的任務，便是改變從插座流入之電力的流動方式，讓電腦使用。

持續不懈！
輸送電力
不中斷！

活躍的領域！

所有連接插座使用的電器製品都會有電源供應器發揮著作用。對於攜帶使用的智慧型手機等電腦而言，電池的尺寸與性能極其重要，目前仍持續開發更小型且更持久的電池。

電力就是
必須有效地
利用……
10:53

我也想知道這個！

如何讓電池更持久？

20%

電池也是有壽命的，壽命將盡的電池耗電會加快或無法充電。然而，可以透過使用方式使其更持久。以常用於智慧型手機的鋰離子電池來說，在充電到100%之前就拔除充電器以免過度充電是很重要的。此外，建議在電力剩餘20%左右時便充電。

Q4 電腦的專長是什麼？

1
因為我們的存在，電腦才能以極快速度進行記憶與計算！
哇，好厲害！
……啊！
搞不好AI真的已經主宰人類了~！
2
如果電腦那麼優秀，那麼人類是不是就敵不過它們了……
咦？妳這麼想就錯了。
啜泣
3
我們在記憶與計算方面比人類還要正確又快速，但如果沒有人類透過**程式**下達指令，我們是動不了的。
收到！！
●▲■!!
靜止不動
…
程式？
4
人類孕育新事物的**創造力**對我們來說是絕對必要的！
緊握！
正因為人類與電腦聯手，才能誕生偉大的成果呦！

A

能高速完成需要記憶的作業與複雜的計算！

電腦具備超群的記憶力，可以大量記住文件、圖像與影像等所有事物。也很擅長計算，可準確無誤地瞬間完成複雜的計算。

再加上電腦和人類不同，無須休息與睡眠，因此可以一刻不停歇地執行這些作業。

另一方面，人類比電腦還要擅長的事也不少，比如觀察當下的氛圍後再行動、創造出新的點子等。

人類與電腦各自擅長什麼？

能力	 電腦	 人類
記憶	◎ 可在短時間內記憶大量數據，除非損壞或儲存失敗，否則不會忘記。	△ 無法一次記住大量內容。一段時間不使用的知識會遺忘。
計算	◎ 可以瞬間完成大量複雜的計算，並且絕對不會出錯。	△ 進行愈複雜的計算愈需要花時間，而且有時會出錯。
察言觀色	× 除非具體指示該採取的行動，否則不知道該做些什麼。	○ 即便未直接明言，也能從對話的過程或氛圍中察覺到應該採取什麼樣的行動。
體察話語中的意圖	× 會按表面意思來理解被指示的任務。無法想像指示者的感受。	○ 可以考慮發言者的感受，並且想像隱藏於話語背後的含意。
創造新事物	× 除非給予數據或指令，否則不會思考，且無法從無到有創造出新事物。	○ 可以獨立思考，並且從無到有創造出新事物。

專欄 AI是什麼？

機器人與AI是兩回事！

AI相當於人類身體的大腦部位。

AI是「人類創造的智能」，利用電腦重現了人類大腦的作用

所謂的AI（Artificial Intelligence＝人工智能），是指參考人類大腦用以思考、學習等的智能作用，以人工方式打造而成的電腦智能。等同於人類的大腦，會隨著經驗與訓練的累積而漸趨發達。AI已被活用於各式各樣的領域，比如判斷圖像或聲音的差異、作為遊戲的對戰對手等。

AI的學習機制：「機器學習」

AI的學習機制主要分爲3大類。

［強化式學習］

AI會在試錯與摸索的過程中逐漸學習最適當的方法

- 嘗試100種打敗敵人的方法
- 失敗，再試試另外100種方式
- 目前有一個方式成效不錯！
- 反覆多次後……
- 我已漸漸掌握到快速打敗敵人的方法了

［非監督式學習］

人類未告知正確答案，由AI獨自學習其特徵

- A是黃色、B是紅色，C則是紫色……
- 這是什麼？
- 是和B一樣的東西

［監督式學習］

以人類一開始告知的正確答案為基礎，由AI獨自學習其特徵

- 這是蘋果
- 又紅又圓的是蘋果

- 正中央的是蘋果。其餘的無法辨識

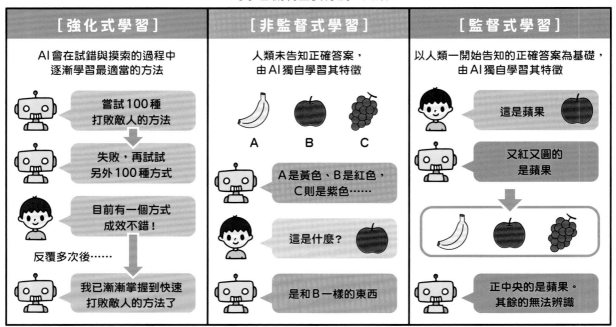

可進行更複雜分析的「深度學習」

深度學習的機制

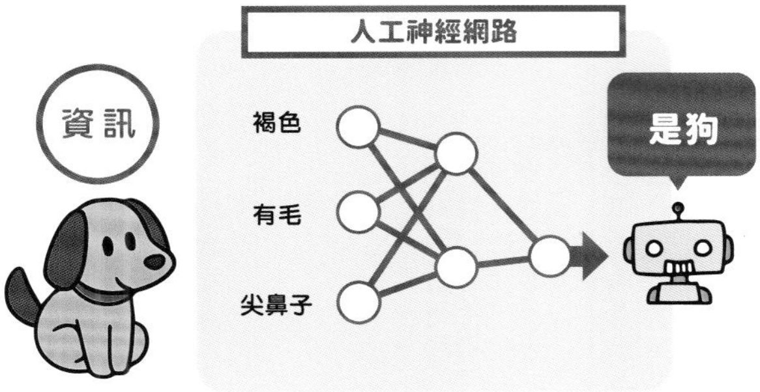
人工神經網路
資訊
褐色
有毛
尖鼻子
是狗

這是參考了人類神經細胞的功能，
看到或聽到什麼都會有所反應

在不借助人類之力的情況下，從大量數據中找出特徵！

機器學習再進一步發展，便是所謂的深度學習（deep learning）。在深度學習中，AI會自行辨識其接收到的資訊有何特徵，甚至決定該如何看待這些特徵。以人類大腦中的神經細胞（神經元）為原型打造而成的「人工神經網路」已可實現這一點。

AI是令人畏懼的存在？

打造 AI 與使用 AI 時應遵循的規則

避免AI所收集的
資訊遭到濫用
設定AI使其不得傷害
人類及其財產
確保有危險時
人類可以阻止AI
避免AI做出的分析
涉及歧視
這是常見於
犯罪者的長相

AI變得比人類
還要聰明後，
不會攻擊人類嗎？

目前的AI只能解決人類交付的課題，所以不會憑自己的意志攻擊人類喲。
不過仍有必要確實檢視其安全性喲！

專欄 人類的工作真的會消失嗎？

隨著AI的發展，有些工作會消失，但也會孕育出新的工作

將來有些職業可能會因為AI促進自動化發展而消失，此事不假，但另一方面，也有人主張，隨著電腦與AI的進化，也會持續催生出新的職業。人類與AI各有所長。不妨把由AI處理為佳的任務交付給AI，不斷挑戰只有人類辦得到的事吧！

[自動化可能性低的職業]

- 精神科醫生
- 盲聾照護學校的教師
- 小兒科醫生
- 化妝師
- 外科醫生
- 針灸師

……等

人類比電腦
更適合需要貼近
人類身心靈的工作嗎？

[自動化可能性高的職業]

- 電車駕駛
- 路線巴士駕駛
- 會計職員
- 裝卸貨作業員
- 一般職員
- 收銀員
- 包裝作業員

……等

電腦比較擅長
須準確反覆相同內容
的工作喲！

※取自野村綜合研究所（2015年）的<日本的電腦化與工作的未來>

隨著電腦發展而孕育出的新工作

電腦與AI已陸續催生出可支撐起豐富生活的新職業。

影片發布者

製作充滿魅力的影片
來娛樂觀眾

機器人設計師

設計出能讓人們
生活更豐富的機器人

AI工程師

以各種數據來餵養AI，
進行開發與教育

應用程式開發人員

思索並製作出
讓生活更便利的應用程式

發展人類特有的「強項」

在往後的社會中，電腦將會成為任何工作都不可或缺的存在。
若要與電腦合作無間地完成工作，關鍵在於了解人類較擅長的事
或只有人類辦得到的事，並充分發展這些能力。

溝通能力

在社會上與他人互相
傳達想法的能力

同理心

體察並貼近
他人感受的能力

創造力

以自己特有的方式
創造出新事物的能力

感性

內心深刻感受
事物的能力

專欄

什麼是物聯網（IoT，Internet of Things）？

讓所有事物都連上網際網路，讓生活更便利！

所謂的IOT，即「物品的網路」之意。將電腦裝進家電等各式各樣的物品中，使其連接至網際網路，即可藉此從遠處操作該物品，或是從該物品中收集資訊等。出門在外也能開關家中的門鎖，或是當冰箱內的食物賞味期限將近時先發出通知等，這類服務皆已實現。使用者只須將資訊匯集於網路，即可享受最適合自己的服務。

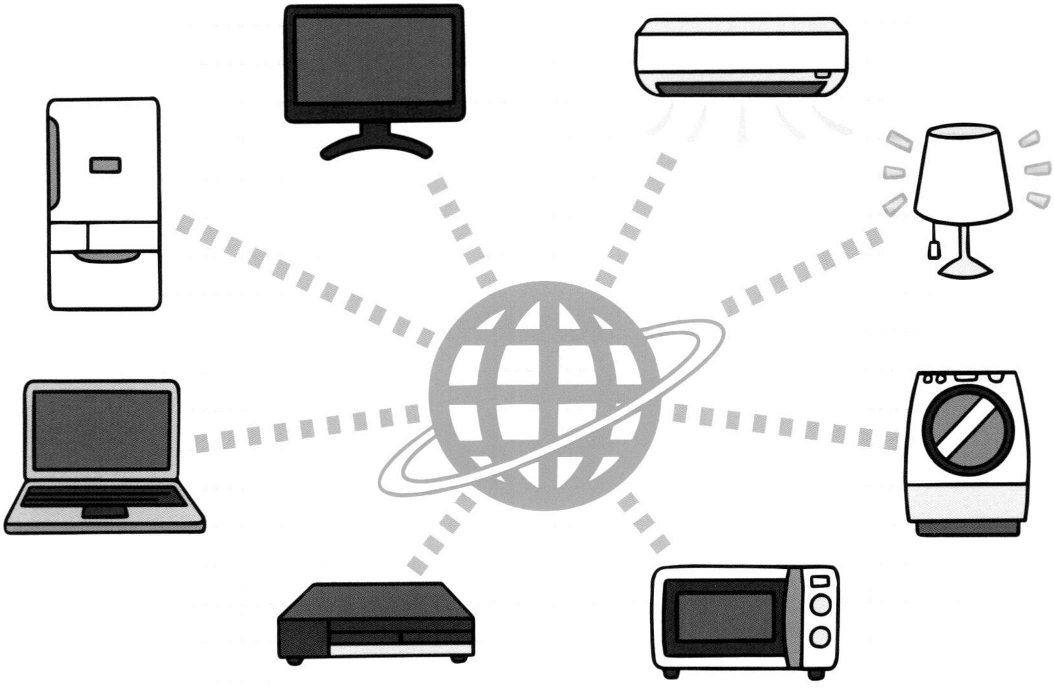

第2章

什麼是
程式設計？

該怎麼做才能驅動電腦？

本章節將介紹

程式設計的基本思維。

CPU剛剛說他們「沒有透過程式下達指令就動不了」，這是什麼意思？
我們這些電腦沒有自己的意志與情感呦。
什麼?!
所以沒有指令是動不了的呦～
可是你現在不是很自然地跟我講話嗎？
這是因為程式將我設計成可以觀察妳的反應，然後以人類的口吻進行對話呦。
所以你們說的程式設計？程式？究竟是什麼??
鏗鏗
嘿～！新的程式送達囉～！
哇～
哇～
喔，來得正是時候呦。
大家在看什麼？
吵吵鬧鬧
那個就是程式。換句話說，就是對電腦的指令書呦！
嗯嗯，看來這次的工作很費勁呀……
來吧，大家開工囉～！
好～！

在電腦的世界中，必須有程式才能開工呦。
編寫程式就是所謂的程式設計，
編寫程式的人則稱為程式設計師呦！
喋喋
熱鬧
努力
喳喳
嘿咻
認真
是喔～
這麼說來，我好像在電視劇裡看過類似的畫面。
喀噠喀噠喀噠喀噠~!
喀噠
喀噠
喀噠
沒錯，就是那樣！
原來如此……
唔、唔嗯～～
呻吟
妳在呻吟什麼呀？
沒什麼，就是覺得好像很難……反正那是受過特別訓練的人才辦得到吧？
跟我無關嘛
沒這回事呦！
只要掌握程式設計的基本概念，任何人都辦得到呦！
機會難得，就讓我來教瑞可吧！
Let's
Go～!!
什麼～
真的嗎？

Q5 程式設計可以做什麼？

帥氣
學會程式設計有什麼好處嗎？
呵呵呵……
當然有呦！
電腦的運作全是由程式打造而成的呦。
就連妳常玩的遊戲應用程式也是靠程式來運作的。
啪
可以創造出許～多令人愉快或是方便的事物呦！
沒錯沒錯
那也能製作出一套代替我寫功課的程式囉?!
麻煩囉
沒問題
眼睛一亮
功課還是要自己寫才有用哟！

A 只要有想法和技術，什麼都辦得到！

驅動電腦的程式或OS等即所謂的「軟體」。只要結合想法與程式設計，便可不斷創造出讓生活更便利、愉快的軟體！

期待能有更進一步發展的軟體也不在少數，比如戴上專用眼鏡，即可身歷其境般享受虛擬空間的VR（虛擬實境）、透過平板電腦或智慧型手機即可將CG（電腦繪圖）或影片投射在現實世界中的AR（擴增實境）等。

實現人們夢想的程式設計

程式設計可以利用電腦之力
來實現人們渴望達成的夢想或願望。
不久前還認為癡人說夢的事物，如今正一個個實現！

如果我最愛的角色
可以出現在現實中就好了～

透過AR技術讓虛擬空間中的角色
出現在現實世界中！

我沒錢，
但好想環遊世界！

透過VR眼鏡即可在家
體驗國外旅遊的感受！

我必須確認一下今天的天氣，
但現在抽不出手呀～

只須對著智能喇叭說話，
就會告訴你想查的資訊！

今日天氣
晴

我不擅長駕駛，
但希望能安全地駕車移動！

透過由電腦控制的自動駕駛
來降低發生意外的風險！

專欄　社會 5.0 ～電腦讓社會變得更為豐富～

人類社會的發展過程

狩獵社會
社會 1.0
與自然共生的社會

↓

農耕社會
社會 2.0
農業發展、逐漸定居

↓

工業社會
社會 3.0
工業革命、大量生產

↓

資訊社會
社會 4.0
電腦的發明、資訊流通

↓ 目前在這裡

「嶄新社會」
社會 5.0
超智能社會

隨著 IoT 與 AI 的進步，更便利的社會即將到來！

隨著技術的進步，人類生活的社會已從「狩獵社會」、「農耕社會」、「工業社會」、演化至「資訊社會」。如今所處階段則是介於「資訊社會」與下一個社會之間，未來應追求的「嶄新社會」即社會5.0（Society 5.0）。據說在社會5.0中，周遭所有事物都會連接至網際網路，隨著科學技術與資訊技術更上一層樓，還可解決「資訊社會」所面臨的少子高齡化、地區差距與貧富差距等社會課題。人們的生活與產業都會產生巨大變化，期待形成一個讓每個人的生活都更為舒適的社會。

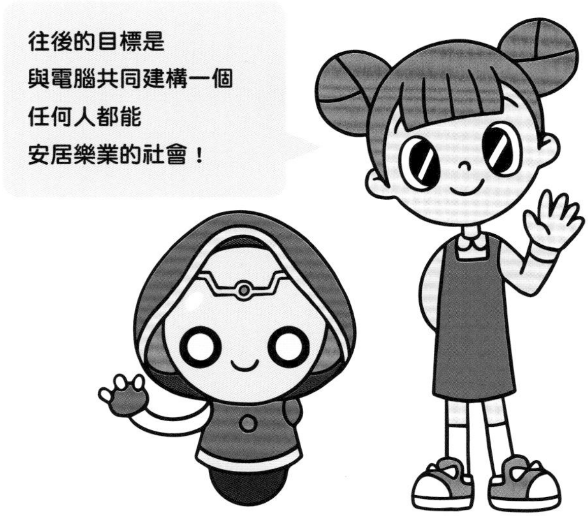
往後的目標是
與電腦共同建構一個
任何人都能
安居樂業的社會！

社會5.0的機制

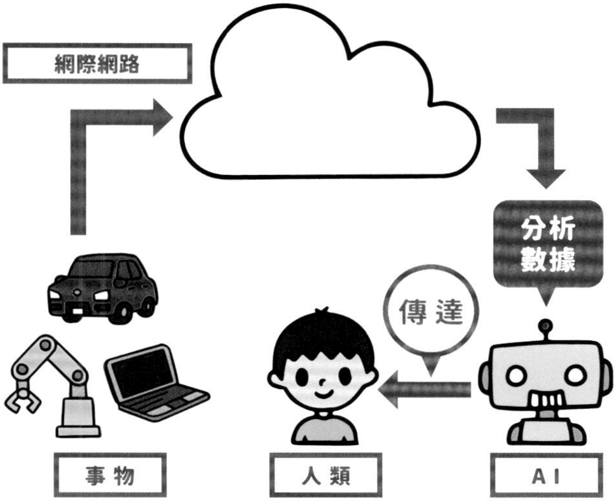
網際網路
分析數據
傳達
事物
人類
AI

AI有助於分析從網際網路上收集的大量資訊！

在社會5.0中，將會透過網際網路從各式各樣的事物中收集大量的資訊（大數據），交由處理能力比人類還要優秀的AI進行分析，再將結果傳達給人類，藉此開發出前所未有，而具備新價值的產品或服務。社會5.0可說是因為IoT技術與AI有所進步方能逐漸實現的社會。

這樣的未來有可能即將來臨！

據說在社會5.0中，
各個領域將會催生出如下列的「新價值」。

交通

無人駕駛巴士讓上學
與高齡者購物更為輕鬆

醫療

由AI管理健康狀態
以求早期發現或預防疾病

料理

家電會告知食譜
或不足的食材

只剩
1顆雞蛋。

宅配

無人機隨時都能
將貨物送達任何地方

Q6 如何對電腦下達指令？

A 讓我們按順序具體說明必要的動作吧！

如37頁介紹過的，電腦無法自行想像必須執行的任務。

因此，當你希望電腦做點什麼時，必須具體地逐一傳達希望它依什麼樣的順序執行什麼樣的動作。

關鍵在於盡可能將要求的動作細分拆解，以任何人聽了都能理解的順序來傳達。該如何下達指令才能確實傳達給電腦？用自己的方式思考並費些巧思是很重要的。

如何對電腦發出指令

電腦無法理解模稜兩可的指令

「那個」、「這個」或「做～」這類模稜兩可的用詞在人類之間可以溝通，但如果對象是電腦，就會出現溝通障礙。

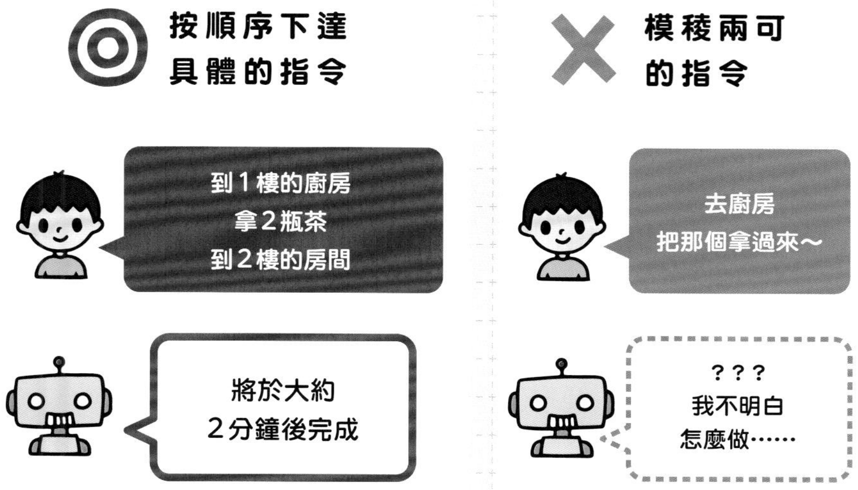

模稜兩可的指令
去廚房
把那個拿過來～
？？？
我不明白
怎麼做……
按順序下達具體的指令
到1樓的廚房
拿2瓶茶
到2樓的房間
將於大約
2分鐘後完成

試著將想拜託電腦執行的動作細分拆解來思考

以「製作咖哩」為例，過程會需要「切材料」、「炒」等許多細部的動作。不妨先試著將這些步驟一一整理出來。

對電腦下達指令的能力在日常生活中也能派上用場！

任誰聽了都能理解的具體表達能力，在各種場合都能派上用場。比如道路指引、學校的報告等以人類為對象的情境都用得到。

Q7 程式設計的思維爲何？

1
除了按順序具體地下達指令外，還有其他訣竅嗎？
有呦。
嘿～小千！
喔，來得正好。
2
這幾位是負責編寫程式流程的演算法流程結構！
如果要開始學程式設計，要先跟他們培養出好感情呦。
演算法？
3
我們是負責決定要以什麼樣的流程來執行必要的動作。
順序式、條件式與迴圈式，這三種結構各有優點，所以要先牢記喔。
4
請多指教
有了他們幾個，再複雜的程式都能有效率地編寫出來喲！
原來如此，請多指教喔！
緊握

A 一起來熟習順序式、條件式與迴圈式的流程結構吧！

電腦會依序執行被交付的指令（也就是程式）來解決課題！用以解決這些課題的順序即所謂的「演算法」。

演算法有三種基本的流程結構，即由上而下依序逐一執行指令的「順序結構」、根據條件轉換下一個行動的「條件結構」，以及反覆執行相同動作的「迴圈結構」，編寫程式時便是結合這三種流程結構來創造演算法。

首先不妨先學會以上這三種流程結構！

程式設計的 3 種基本流程結構

迴圈結構

反覆執行
相同的動作

[例]
清潔窗戶的
行動順序

準備抹布與
清潔噴霧

↓

重複 3 次

↓

將清潔劑噴在
窗戶上

↓

用抹布擦拭

↓

重複 3 次後回到起點

↓

結束！

條件結構

根據是否符合條件
來轉換行動

[例]
決定是否攜帶雨傘的
行動順序

觀看新聞

↓

今日天氣預報的
降雨機率是否
超過 50%

是 → 把雨傘
放進包包

否 → 不必把雨傘
放進包包

↓

帶著包包

↓

出發！

順序結構

從上而下
依序逐一執行

[例]
製作三明治的
行動順序

準備 2 片吐司、1 片火腿
與 1 片萵苣

↓

放 1 片吐司

↓

上面放 1 片萵苣

↓

上面放火腿

↓

再放上 1 片吐司

↓

完成！

將相同的作業
加以整合，
輕鬆省力！

根據條件來
選擇應採取的
行動！

只要確實
按順序執行
就錯不了。

演算法

順序結構

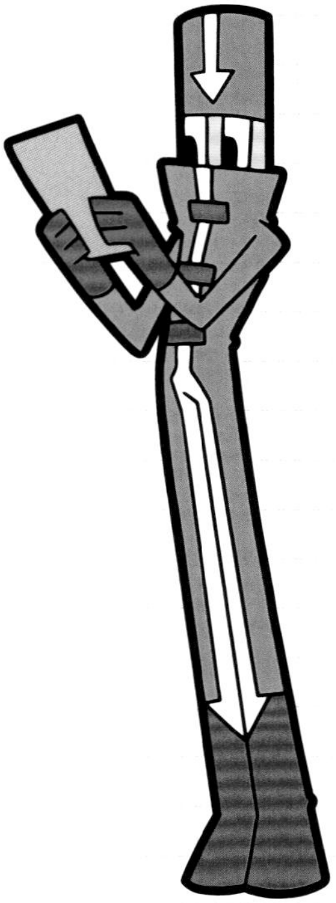

我會準確地
按順序執行指令！

這是什麼流程結構？

程式是由一系列的指令所組成，而其機制是將這些指令依序排列，藉此來傳達希望電腦執行的內容。

順序結構會由上而下依序執行程式中所編寫的指令。

這種順序結構便是執行程式時最基本的動作。

基本資料

- 個性
  - 一絲不苟
- 特徵
  - 四角形
- 口頭禪
  - 「按順序來～！」
- 名字的意思
  - 會由上而下依序執行的流程

擅長的事

擅長準確地依序將程式中所編寫的指令逐一完成。只須由上而下依序進行，所以動作極其簡單。然而，除非搭配其他流程結構，否則無法返回上一個指令，或是判斷下一步該怎麼做。

活躍的領域！

順序結構是任何程式中必會出現的一種流程結構，僅憑順序結構亦可完成一道程式。然而，效率取決於對電腦下達什麼樣的指令與順序，因此必須好好衡量指令的順序。

一切都必須
按部就班執行！

我也想知道這個！演算法的由來

阿爾・花拉子密雕像

據說演算法（algorithm）一詞源自於一名活躍於9世紀巴格達（今伊拉克首都）的數學家阿爾・花拉子密（al-Khwārizmī）的名字。歐洲的大學長期以來都使用阿爾・花拉子密所著的數學書籍作為數學教科書。該教科書開頭有一篇文章以「algoritmi dicti（阿爾・花拉子密曾說過……）」破題，自此加以引申，便開始以演算法一詞來指稱「計算程序」。

演算法

條件結構

我是決定
下一步執行指令的
決斷者！

這是什麼流程結構？

條件結構是根據符合既定條件與否，來決定之後要執行的指令。事先決定好符合條件與不符合條件的情況下該採取的行動，即可編寫出一個可配合作業進度或周遭狀況來行動的程式。

因為這樣的作用而又被稱為「選擇式」。

基本資料

- 個性
  - 果斷
- 特徵
  - 菱形
- 口頭禪
  - 「如果～的話？」
- 名字的意思
  - 會根據條件轉換行動的流程

擅長的事

在執行程式的過程中，如果希望根據是否滿足某項條件來轉換下一步要執行的指令，比如「若為『是』則A，若為『否』則B」，這種時候就輪到條件結構登場了。如果再搭配迴圈結構，還可編寫出更加複雜的程式！

活躍的領域！

玩遊戲時，有時會遇到「必須打倒10個敵人才能過關」等任務。條件結構便是想編寫這類遊戲或模擬時較常運用的演算法。

既然條件是這樣……
那下一個行動就決定是這個囉！
A
B

我也想知道這個！ 流程圖的圖形含意

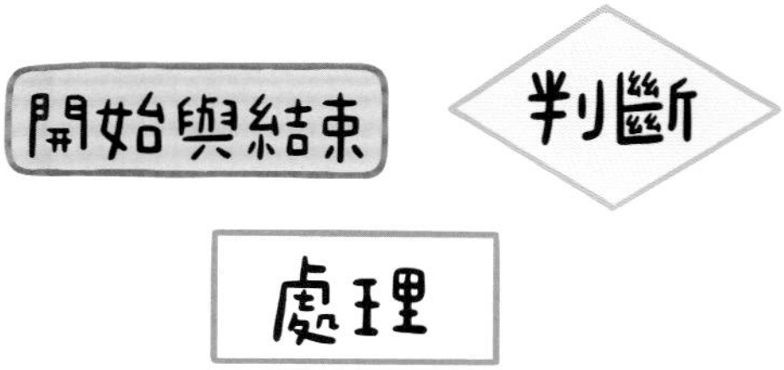
開始與結束
判斷
處理

利用圖形來展現程式的開始與結束，即為所謂的「流程圖」。流程圖是由多個圖形與箭頭組合而成，且所用圖形的形狀皆各有含意。比方說，橢圓形與圓角四角形意指程式的「開始」與「結束」；要處理的行動步驟則以長方形來表示，而要判斷是否符合某個條件時，會以菱形來表示。

演算法

迴圈結構

要執行相同的作業
就讓我來吧☆

基本資料

□ 個性
機伶

□ 特徵
逆向箭頭

□ 口頭禪
「再來一次！」

□ 名字的意思
會反覆執行相同作業的流程

這是什麼流程結構？

迴圈結構是用來反覆執行程式中指令相同的作業。

根據條件來決定要繼續反覆執行指令，還是結束並執行下一個指令，在符合該條件之前都會持續進行同一項作業。

決定條件的時間點有二，一為執行作業前，一為執行作業後。

擅長的事

當程式中需要重複同一項作業時，就輪到迴圈結構登場了。只要事先決定好要繼續反覆的條件與結束的條件，後續就由電腦自動根據所需繼續執行同一項作業。不過必須事先訂下明確的條件。

活躍的領域！

用順序結構也可以反覆執行相同的作業，不過編寫多次相同的指令太麻煩，還會導致整個程式太冗長。如果改用迴圈結構，則可整合並縮短整個程式，電腦也就不必耗費太多能量。

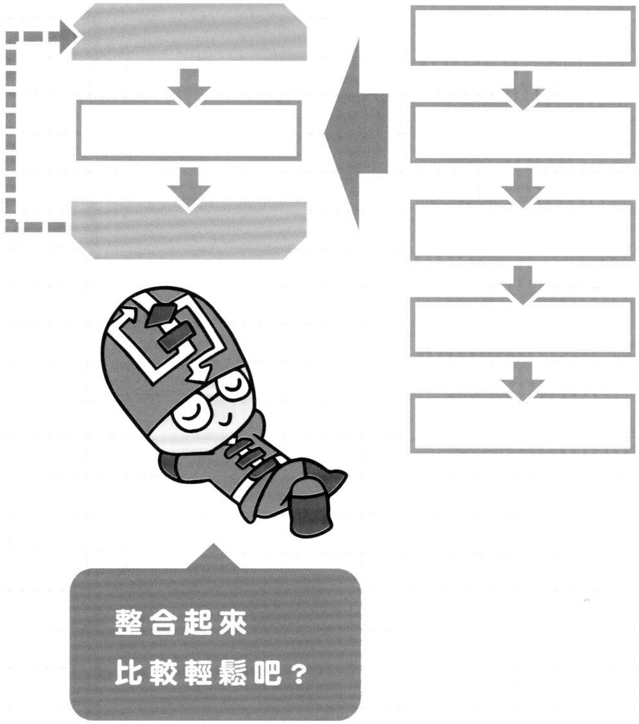

整合起來
比較輕鬆吧？

我也想知道這個！ 平時經常使用的演算法思維

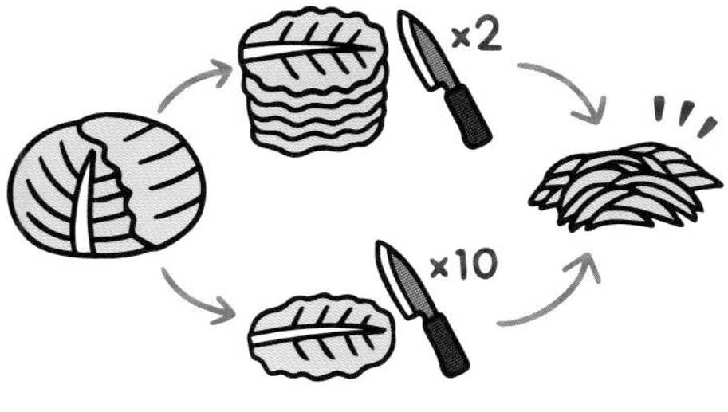

×2
×10

編寫程式時通常會考慮使用何種演算法，以便用較少的步驟盡快完成相同的作業。只要善用這種思維，在日常生活中也能效率絕佳地執行各種作業。比方說，必須將高麗菜葉切成10條時，應該以什麼樣的步驟來執行比較好呢？一次切1片並重複10次也無不可，不過如果將5片疊起來切2次，則可更快速完成！

Q8 如何編寫程式？

瑞可，事不宜遲，試著和這幾位流程結構一起合力解決課題吧！
課題……像是什麼？
這個嘛～比如這裡有10隻松鼠呦。
哇！好可愛～！
匡啷
蹦跳
蹦跳
蹦跳
結果牠們全部逃走了。
?!
驚嚇
妳必須結合順序式、條件式與迴圈式，想出一道演算法來解決這項課題！
蹦跳
什麼?! 你也為我們這些抓的人著想一下吧～！
蹦跳

A 巧妙結合3種基本的流程結構來解決課題吧！

要對電腦發出指令，就必須具體地傳達必要的動作。

編寫程式時，首要之務是思考解決課題有哪些必要動作與執行步驟，換句話說，就是從思考演算法開始著手。如左頁所示，以圖表來展示整道演算法，此即所謂的「流程圖」。

不妨試著巧妙結合順序式、條件式與迴圈式這三種基本的流程結構，編寫出演算法的流程圖來解決課題！

試著編寫一份流程圖

你能想到什麼樣的演算法
來將10隻逃跑的松鼠抓回飼育籠中嗎？
不妨先寫下所有必要的動作，再思考該以什麼樣的順序來執行。

必要動作範例			
	●找到松鼠	●抓住松鼠	●將松鼠放入飼育籠
	●追逐松鼠	●清點松鼠的數量	●鎖上飼育籠

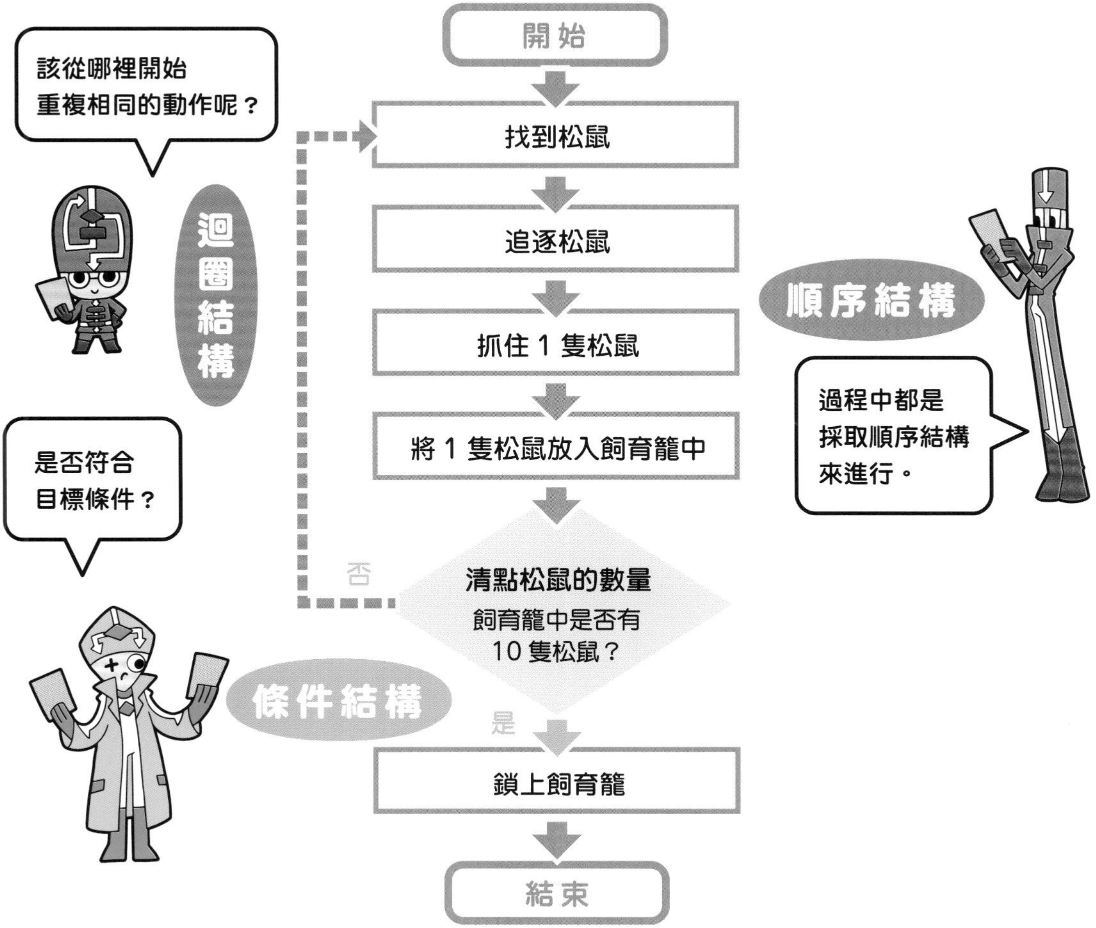

開始
找到松鼠
追逐松鼠
抓住 1 隻松鼠
將 1 隻松鼠放入飼育籠中
清點松鼠的數量
飼育籠中是否有
10 隻松鼠？
否
是
鎖上飼育籠
結束
該從哪裡開始
重複相同的動作呢？
迴圈結構
是否符合
目標條件？
條件結構
順序結構
過程中都是
採取順序結構
來進行。

Q9 正確的演算法只有一種？

1
呼、呼……終於全部抓回來了……
呼 呼
辛苦了喲！
good
2
要一隻一隻抓實在太累人啦～！
或許還有更快的方法呦。
3
演算法的思維不是只有一種喔。
在著手處理課題前，最好先想想最佳方法為何！
原來如此～
4
那麼，這次你們就可以更快抓到喲！
匡啷
蹦跳
蹦跳
蹦跳
崩潰
咦咦咦咦咦!?

A 演算法所含括的模式十分多樣。

即便是同一項課題，應該也能想到各種解決方案。

演算法並沒有既定的正確答案，要用什麼樣的演算法來達成目標是取決於程式設計師。

然而，這並不意味著只要能解決課題，用什麼樣的演算法都無所謂。能盡量以較少步驟快速解決課題才是出色的演算法。

該如何結合三種基本的流程結構、以什麼樣的順序來執行動作，不妨試著以自己的方式費些心思想想看！

一起思索可更快解決課題的演算法

除了61頁的方法外，你還能想出什麼樣的演算法
來讓10隻逃走的松鼠回到飼育籠中？
為了更快完成任務，不妨再試著多費些巧思！

要如何減少往返的次數？

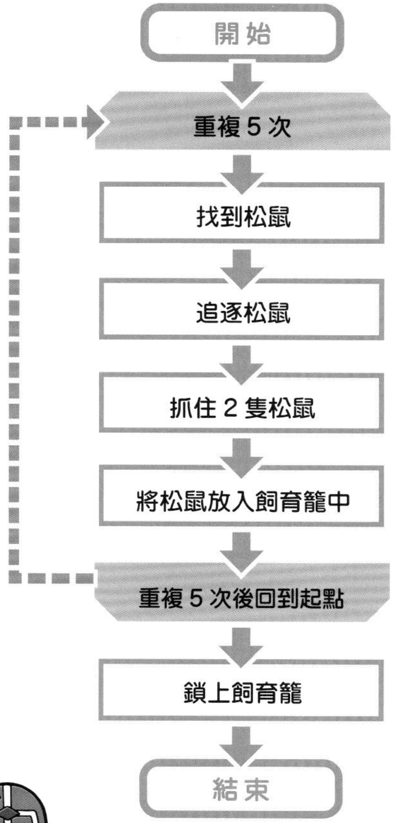
開始
重複5次
找到松鼠
追逐松鼠
抓住2隻松鼠
將松鼠放入飼育籠中
重複5次後回到起點
鎖上飼育籠
結束

往返次數減半，
可省去清點數量的麻煩！

如果使用工具會如何？

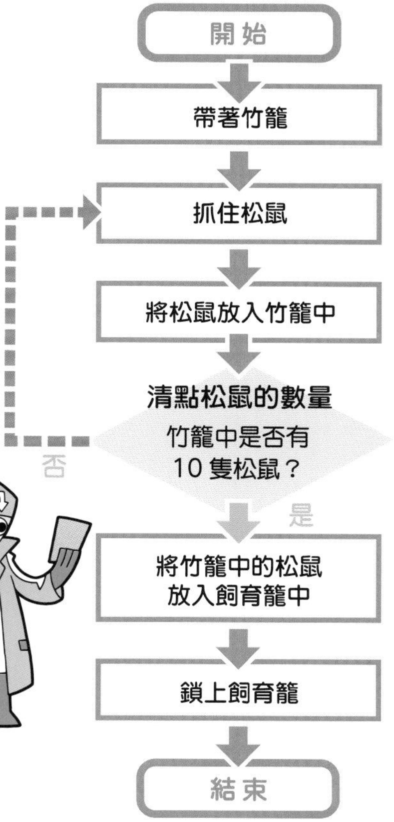
開始
帶著竹籠
抓住松鼠
將松鼠放入竹籠中
清點松鼠的數量
竹籠中是否有
10隻松鼠？
否
是
將竹籠中的松鼠
放入飼育籠中
鎖上飼育籠
結束

善用工具
比較輕鬆！

離飼育籠較遠時，
這麼做或許比較快！

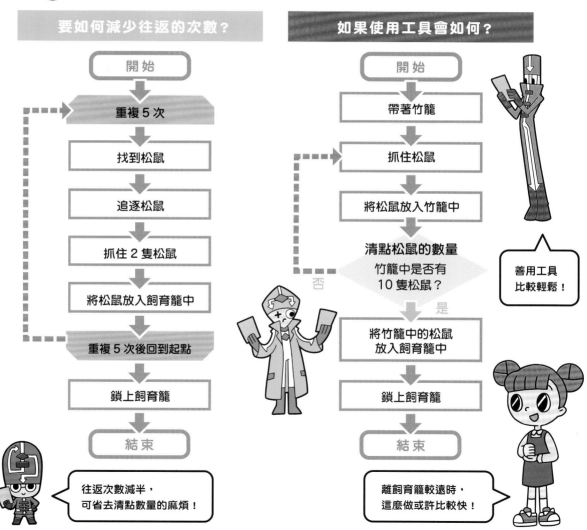

Q10 程式無法順暢運行時該怎麼辦？

A 找出程式中的錯誤並加以修正吧！

編寫程式的過程中，程式有時會突然停止運作！這時不妨認定是程式中有某個地方出現程式錯誤（bug，又稱為error）。找出程式中哪裡有錯並修正，這也是程式設計師的重要作業之一。

任何人都會犯錯，所以程式錯誤並不罕見。不妨搭配用來搜尋程式錯誤的軟體「除錯器」，合力查明程式錯誤潛藏於何處！

程式錯誤是什麼？

出現程式錯誤就會變成這樣！

大多數情況下，電腦會出現異於往常的行動。

程式會出現異常舉動

未遵循程式設計師在程式中下達的指令，做出異常的舉動。

程式突然停止

……

程式會突然停止不動，必須強制終止或重新啟動。

螢幕上出現錯誤訊息

錯誤

螢幕上會跳出一個小視窗，顯示錯誤（error）等的內容。

這時候會出現程式錯誤！

●當指令在邏輯上有誤時

因動作執行順序的指令出了錯，一執行就會出現異常的執行結果。

範例

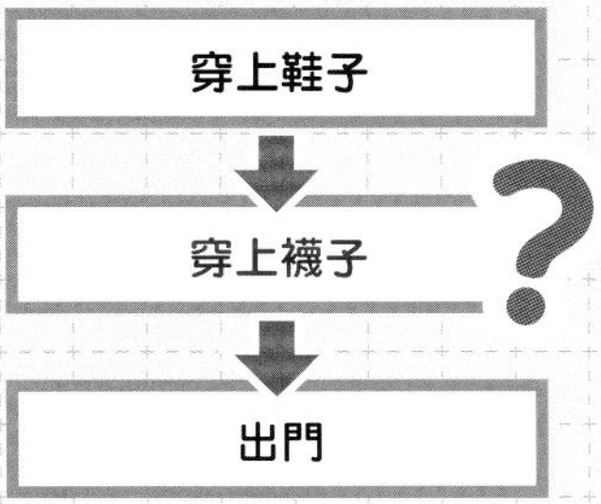
穿上鞋子
穿上襪子
出門

嘿嘿！
這順序怎麼看
都是錯的吧！

●當用詞或符號有誤時

因文字或符號輸入錯誤、語順有誤，便成了語意不明的程式。

範例

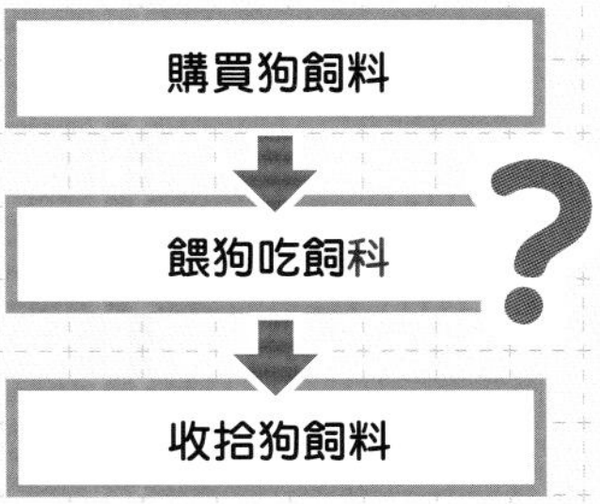
購買狗飼料
餵狗吃飼料
收拾狗飼料

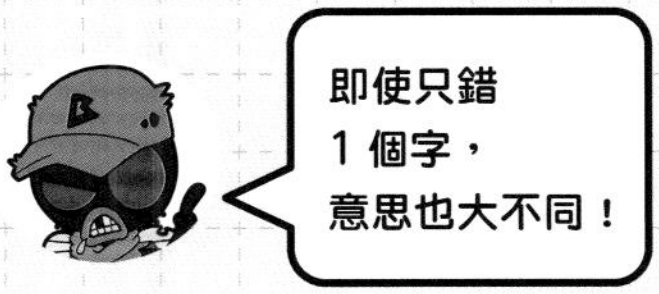
即使只錯
1 個字，
意思也大不同！

程式錯誤

我是害程式異常的
搗蛋鬼！

程式錯誤是什麼樣的東西？

努力編寫出來的程式卻未照預期般運作！這意味著此時有程式錯誤潛藏於程式的某處。

所謂的程式錯誤，是指存在於程式中的「錯誤」。除非消除程式錯誤，否則就會無法正常運作。找出程式錯誤並加以修正也是編寫程式的重要作業之一。

基本資料

- 主要任務（？）
  - 干擾程式
- 遇到的頻率
  - ★★★★★
- 名字的意思
  - 蟲子（bug）
- 別名
  - error

擅長的事

令人困擾的是，程式錯誤最擅長趁程式設計師不備，阻撓程式的運作。有時一個程式裡會潛藏著無數個程式錯誤，在這種情況下，必須找出所有程式錯誤並加以修正，否則程式無法正常運作。

弱點在這裡

程式的指令碼中只要錯1個字就會出現程式錯誤，所以首要之務便是用心輸入正確的指令碼。此外，指令碼的順序有誤也會造成程式錯誤。光是謹慎地輸入程式便可減少程式錯誤。

我也想知道這個！ 為何稱之為「bug」？

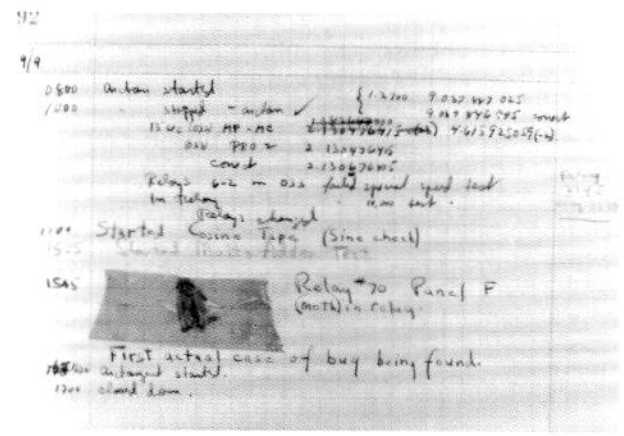

用膠帶固定在日誌上的bug（蟲子）

程式錯誤的英文是bug，「蟲子」之意。據說是從1945年左右開始作為指稱程式錯誤的用語而廣為使用。當時是美國一名電腦科學家葛麗絲・霍普在檢查某台故障的電腦時，發現是1隻蟲子夾在裡頭而導致運作不良。據說霍普將此事記錄在日誌中，也因為這則知名的故事而讓蟲子＝bug成為指稱電腦遇到障礙的用語。

除錯器

我是負責找出
程式錯誤的可靠警衛！

基本資料

□ 主要任務
發現程式錯誤

□ 可靠度
★★★★★

□ 使用頻率
★★★★★

□ 名字的意思
消除程式錯誤的工具

這是什麼樣的軟體？

要找出所有潛藏於程式中的程式錯誤是一件苦差事。這種時候，除錯器便成了我們最強大的盟友。

除錯器是一種協助搜尋程式中哪裡有程式錯誤的軟體。不過除錯器只能幫忙找出程式錯誤，修正錯誤仍須由人類自行完成。

擅長的事

即便知道是程式錯誤導致程式無法順利運作，有時也無法立即找出程式錯誤的所在之處。但是只要有除錯器，便會顯示出程式是停在何處而便於找出程式錯誤。

逮到你了！
在修正完成前，
給我老實待著！

活躍的領域！

即便再複雜的程式，除錯器也能迅速找出程式錯誤隱藏於何處，對程式設計師而言是值得信賴的夥伴。除了能幫助程式設計的初學者，也常在專業程式設計師的工作場合中大顯身手。

我也想知道這個！ 有專門搜尋程式錯誤的職業?!

除錯器的英文debugger並不單指搜尋程式錯誤的軟體，亦可指稱以搜尋並修正程式錯誤為業的人（除錯人員）。遊戲等所用的程式較為複雜，從中搜尋程式錯誤時，也有不少會交由專業公司來進行除錯（找出程式錯誤並加以修正的作業）。在這類公司工作的除錯人員會透過試玩遊戲等來尋找程式錯誤。乍看之下好像很愉快，但除錯需要耐心與專注力，是相當艱辛的重要作業。

專欄 可透過程式設計精進的能力

自己也可以
與程式
一起逐步成長呢。

一邊編寫一邊嘗試錯誤，藉此培育出重要的能力

程式設計的好處在於，可憑藉自己的雙手將腦中的想法自由塑造成形。思考該怎麼做才能順利進行，嘗試編寫，如遇障礙再加以修正，在反覆這些作業的過程中，會自然而然地學會各種能力。透過此法所學會的能力，在生活的各種情境中應該都能對大家有所助益。

可透過程式設計精進的6大能力

問題解決能力

在問題發生時思考其中緣由與解決方案的能力

查明發生了什麼事並思考解決的方式，
如此便能逐漸學會這項能力。

邏輯思考能力

理解事物間的關聯並有理有據地思考的能力

思考應以什麼順序對電腦下達什麼樣的指令，
透過這項作業可逐漸精進思考能力。

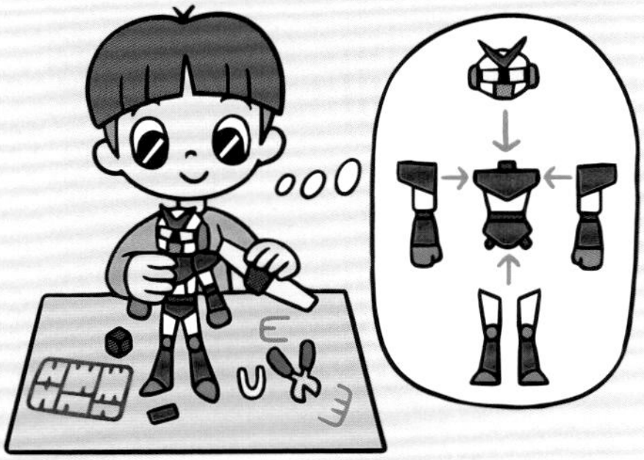

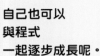

合作能力

與其他人合力達成
相同目標的能力

與他人互相出主意，可藉此
拓展視野並創造出更好的東西。

創造力

透過自己特有的方式
創造出新事物的能力

可學會將「如果有這樣的東西就好了」
之類的想法塑造成形。

嘗試錯誤的能力

耐心反覆
「思考、執行並修正」的能力

學會一次次嘗試自己的想法
而不怕犯錯的能力。

運用能力・綜合能力

結合所學的知識並活用
來解決新課題的能力

透過實作，學會將一直以來分散習得的知識
結合起來並加以活用的能力。

專欄

失敗爲程式設計之友

沒有人可以編寫出完美無缺的程式。即便運作不順暢，也要一次次重來！

剛開始編寫程式時，特別容易出現程式錯誤。當程式錯誤一再出現，很有可能會冒出「自己是不是不適合？」的想法，不過別太快下定論！就算是技巧再熟練的程式設計師，也很難一次就編寫出完全沒有錯誤的程式。

使用電腦來編寫程式的好處在於，可以不費吹灰之力地「重來」。即便失敗也別輕言放棄，多重來幾次，漸漸磨練靠自己尋找答案的能力！

第3章

程式語言的各種知識

為什麼會需要程式語言？
又為什麼會有這麼多類型？
本章節將介紹人類語言
與機械語言之間的差異。

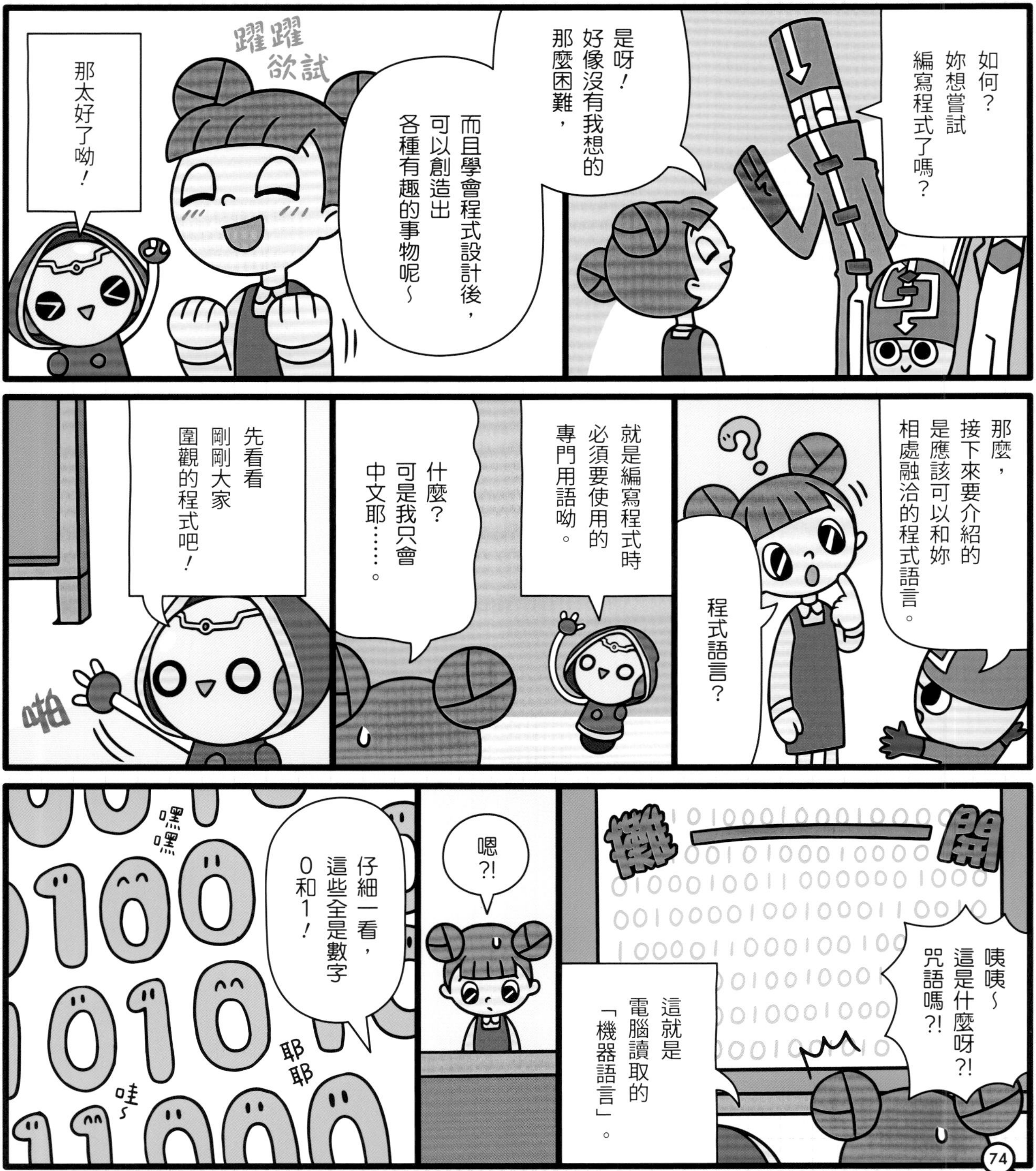
如何？妳想嘗試編寫程式了嗎？
是呀！好像沒有我想的那麼困難，
而且學會程式設計後，可以創造出各種有趣的事物呢～
躍躍欲試
那太好了呦！
那麼，接下來要介紹的是應該可以和妳相處融洽的程式語言。
程式語言？
就是編寫程式時必須要使用的專門用語呦。
什麼？可是我只會中文耶……。
先看看剛剛大家圍觀的程式吧！
啪
攤—開
咦咦～這是什麼呀?!咒語嗎?!
這就是電腦讀取的「機器語言」。
嗯?!
仔細一看，這些全是數字0和1！
嘿嘿
耶耶
哇～

電腦理解的語言和人類所用的語言是不一樣的呦。
我們都是透過0與1的組合來理解所有資訊的。
嗚嗚……
打擊
妳怎麼啦?!
我好不容易和大家培養出好感情，對程式設計也有了些興趣……
嗚哇哇哇哇哇
可是我根本不懂什麼機器語言！太難了啦～！
妳、妳先冷靜一下！
根本沒人要求妳要完全理解那些語言呀～
消沉
哎呀呀……你們好像遇到什麼難題了呢。
悄悄…
鏘鏘～
呵呵
編譯器！你來得正是時候喲！
誰？
我是一名翻譯家，是人類與電腦之間的橋梁！
翻譯家？
他會告訴我們人類與電腦之間是如何互相交換資訊的喲！
得意

Q11 電腦的共通語言是什麼？

A

編譯器會先把人類的語言全轉換成0與1，再傳遞指令。

「機器語言」只會用0與1來表達資訊，像這種對電腦而言較容易理解的語言即稱為「低階語言」。雖然只用0與1來表達的機器語言較易於電腦理解，但是對人類來說卻困難至極。

因此，編寫程式時會使用對人類而言比較容易理解的程式語言，也就是所謂的「高階語言」來輸入，再借助編譯器這類可以將高階語言翻譯成機器語言的軟體，將程式傳遞給電腦。

將指令傳遞給電腦的過程

切換電腦中大量迴路的開與關，透過電流訊號來傳遞資訊

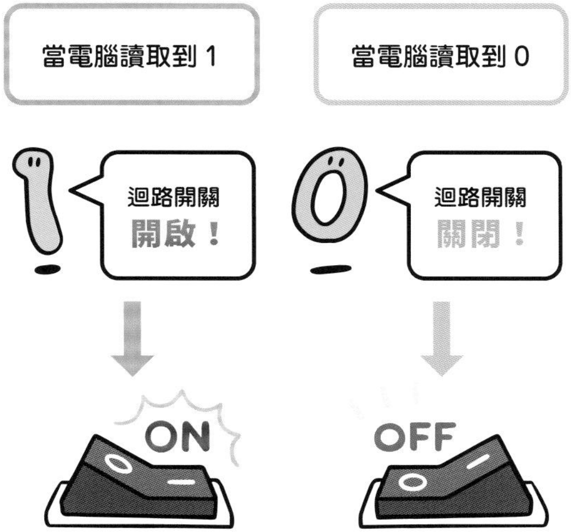

當電腦讀取到 1
當電腦讀取到 0
迴路開關 開啟！
迴路開關 關閉！
ON
OFF

程式語言又分為「高階語言」與「低階語言」

易於人類理解的為高階語言，易於電腦理解的則為低階語言。

高階語言
<p style=” border: 1px solid #cccccc;..
易於讀取與編寫！
低階語言（機器語言等）
111000111000001 0101011100⋯.
這些我就看得懂了。

將人類懂的高階語言翻譯成電腦懂的機器語言來進行傳遞

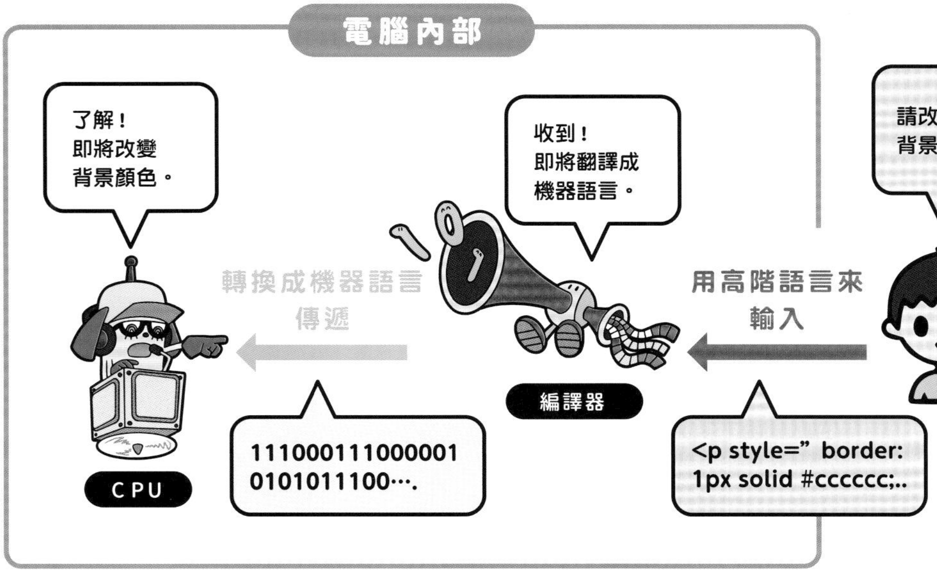

電腦內部
請改變背景顏色。
用高階語言來輸入
<p style=” border: 1px solid #cccccc;..
收到！即將翻譯成機器語言。
編譯器
轉換成機器語言傳遞
111000111000001 0101011100⋯.
了解！即將改變背景顏色。
CPU

＊上述的高階語言與機器語言皆為示意用，僅供參考。

編譯器

這是什麼樣的軟體？

只以0與1這兩種數字來表達的「機器語言」是電腦唯一能讀取的語言。讀取並編寫機器語言對人類而言是極其困難之事。

這時候就該編譯器登場了！編譯器肩負的作用是：將以對人類而言較易懂的「高階語言」編寫而成的程式，翻譯成機器語言，並傳遞給電腦。

基本資料

- 主要任務
  - 翻譯
- 使用頻率
  - ★★★★★
- 可靠度
  - ★★★★★
- 好夥伴
  - 0&1、各種程式語言

擅長的事

程式設計師以高階語言編寫成的程式稱為「原始碼」。編譯器會一次讀取所有的原始碼，並依循幾個步驟，分別編寫出符合各個電腦系統的機器用語程式。

活躍的領域！

電腦必須接到指令才能有所行動，所以對程式設計師而言，協助將人類指令傳遞給電腦的編譯器是不可或缺的。編譯器或功能相似的軟體在任何一台電腦中都能發揮功能。

相似的夥伴　直譯器

功能和編譯器一樣的軟體，可將以高階語言編寫而成的原始碼，轉換成機器語言並傳遞給電腦。相對於編譯器是一鼓作氣翻譯所有原始碼，直譯器則是逐一讀取原始碼的指令，再一句句翻譯成機器語言。逐步翻譯的同時會確認程式是否有在運作，所以具有可立即找出程式錯誤的特技。

Q12 如何利用0與1來表達資訊？

※以0與1來表示文字的「字元編碼」類型繁多，漫畫中介紹的只是其中一例。

A 組合大量的0與1來表達！

電腦所處理的資訊即稱為「數據（data）」，其中最小的數據單位稱為「位元（bit）」，當位元的數量一多，則成為「位元組（byte）」，表達數據量的單位名稱會隨之改變。

位元愈多，0與1的組合也會愈多。這種0與1的組合愈多，則可表達愈大量且複雜的資訊。

無論是文字、圖像、影像與音樂等，電腦中的所有資訊全都是透過0與1的組合來表達。

文字、照片與音樂皆可透過0與1來表達！

可表達的資訊量取決於0與1的組合量

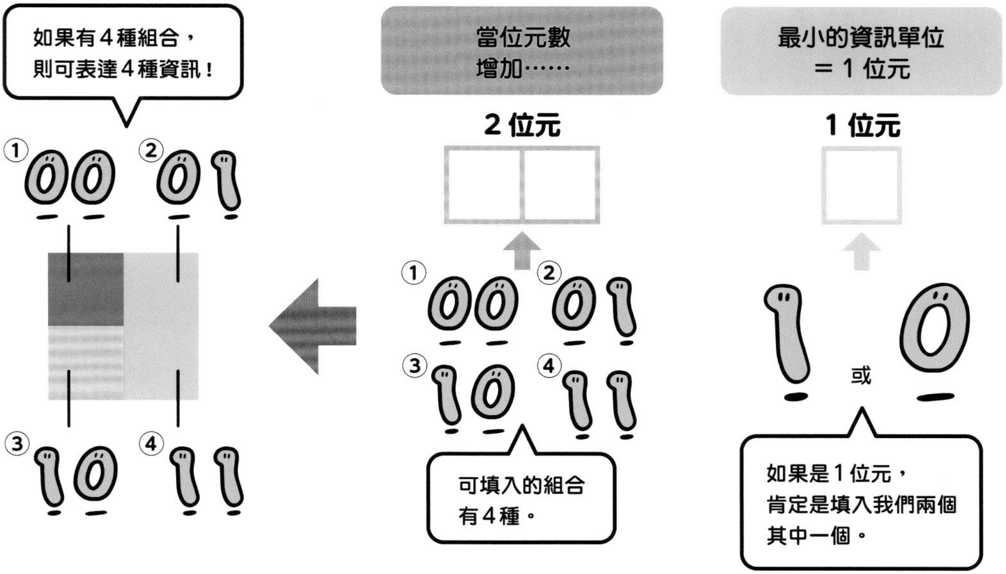

最小的資訊單位＝1位元
1位元
或
如果是1位元，肯定是填入我們兩個其中一個。
當位元數增加……
2位元
①
②
③
④
可填入的組合有4種。
如果有4種組合，則可表達4種資訊！

位元數愈多，即可表達愈複雜的資訊！

每8個位元為1B，單位名稱也會隨之改變。之後會隨著位元的增加，在B前面加上K（千）、M（百萬）、G（十億）等字母來表達數據的大小。

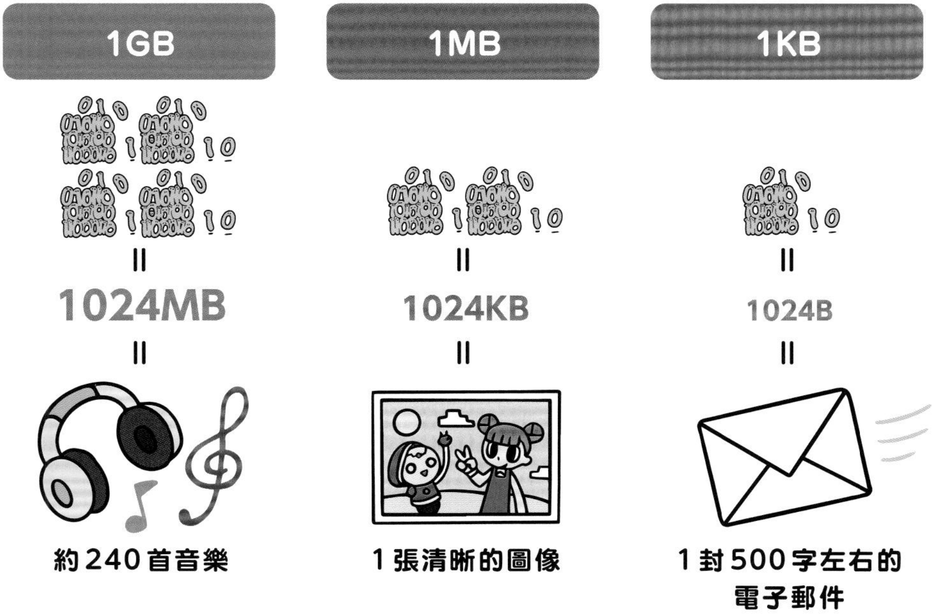

1KB
＝
1024B
＝
1封500字左右的電子郵件
1MB
＝
1024KB
＝
1張清晰的圖像
1GB
＝
1024MB
＝
約240首音樂

※上述表現可用資訊量的內容只是大概舉例。

0 & 1

只須大量聚集，
即可成就無限可能！

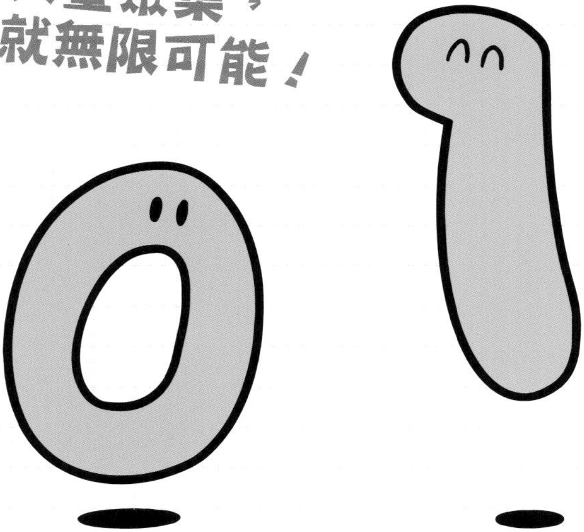

0&1是什麼樣的東西？

電腦可讀取的「機器語言」全是由0與1這2種數字所組成。當其大量聚集並依程式設計的指令排列，便可表達出驚人的各種資訊。

透過0與1的排列表達資訊的「字元編碼」有很多種類型。

基本資料

- 主要任務
  - 表達資訊
- 團結程度
  - ★★★★★
- 個性
  - 不甘寂寞
- 好夥伴
  - 編譯器

只要我們聚集在一起，
就能表達任何內容～！

擅長的事

集結愈多則可表達愈複雜的資訊。以8位元的數據為例，有256種0與1的組合。換句話說，光用0與1就能表達256種資訊！不僅限於文字與符號，還能表達影像與音樂。

活躍的領域！

電腦是透過0與1的讀取來判斷迴路中是否有電流訊號流通，藉此傳遞資訊，因此0與1在所有電腦中都十分活躍。所有用來操作個人電腦或家電的資訊都是透過0與1來傳遞！

我也想知道這個！ 單憑0與1來表達的「二進制」

二進制的數字進位方式

0→1→10→11→100…

1之後就會進位

十進制的數字進位方式

0→1→2→3→4…

9之後就會進位

電腦中只使用0與1的數字表達方式即稱為「二進制」。以二進制來說，每當各個位數的數字從0增加為1後，原本位數的數字就會歸為0，但位數會進一位。人類一般是使用各個位數的數字滿「10」就會進位的「十進制」，甚少使用二進制，所以會覺得很困難。我們少不了編譯器的協助就是這個緣故。

Q13 程式語言有哪些類型？

A 從簡單到困難，類型繁多。

高階語言的程式語言類型繁多，可依目的或喜好來選擇。如同人們慣常使用的語言般，每一種語言皆有各自既定的用詞與文法，難度也不盡相同。

有些語言擅長架設網站、有些語言則適合創建遊戲或應用程式，而有些語言難度雖高卻無所不能等，各種語言所具備的特性十分多樣，所以大家一定可以找到最適合自己的語言！

程式語言的類型

程式語言可大致分為2大類型。

視覺式程式語言

移動積木等圖塊來輸入程式。

較具代表性的語言

Scratch

實際畫面

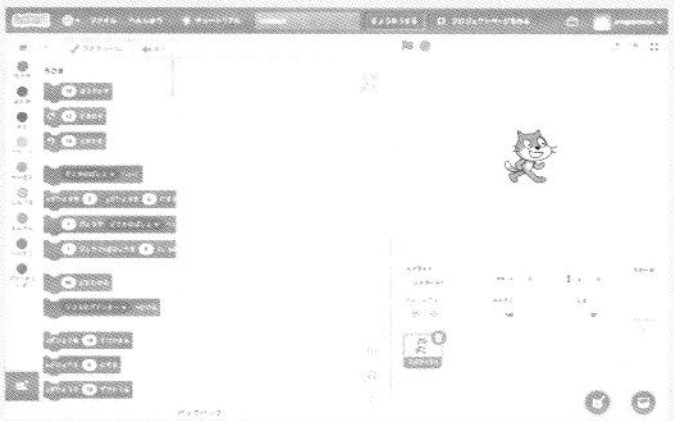

(→86頁)

文本式程式語言

只使用文字、數字與符號來輸入程式。

較具代表性的語言

IchigoJam BASIC

實際畫面

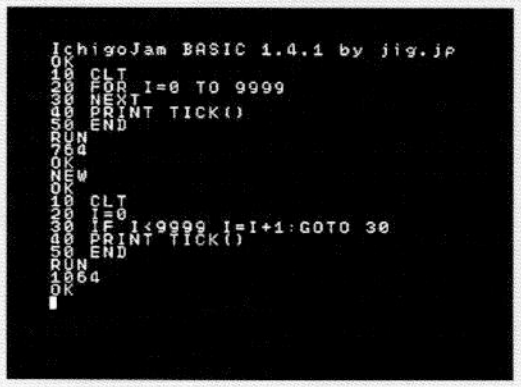

(→88頁)

不同語言的個性與專長也各有不同！

用日文就能簡單操作喔～

Dolittle

(→90頁)

說到編寫OS，非我莫屬！

C語言

(→92頁)

創建遊戲或應用程式就交給我！

Java

(→94頁)

要架設網站就輪到我出場啦！

JavaScript

(→96頁)

我擅長AI的開發～

Python

(→98頁)

Scratch

我是熱愛孩子的
積木大使！

基本資料

□ 出生年
2006年
□ 出生地
美國
□ 開發者
密契爾・瑞斯尼克
□ 語言類型
視覺式

這是什麼樣的語言？

在世界各地大受歡迎的視覺式程式語言。是抱持著「希望孩子們可以快樂學習程式設計」的期望而創造出的語言。

只須如拼圖般將寫著「前進一步」、「轉～度」、「反覆～次」等行動步驟且色彩繽紛的積木組在一起，任何人都能簡單編寫程式。

擅長的事

擅長創建獨樹一格的互動故事（會隨著使用者的選擇來改變對話過程的故事）、遊戲或動畫等。還可以在網路社群上與其他人互相展示完成的作品，或是共同創作新作品！

推薦給這樣的人

這種語言最適合希望能像玩遊戲般開心體驗程式設計的人，或是首次挑戰程式設計的人。也很推薦給想嘗試透過自己創造的作品，在網路社群上與世界各地人們交流的人！

不必想得太難，
可以立即一起玩玩看！

相似的夥伴 Viscuit

和Scratch一樣，都是無須以文字來輸入程式的視覺式程式語言。是日本程式語言研究者原田康德於2003年創建的。利用一種「眼鏡」的機制，即可簡單創造出讓自己繪製的插圖動起來的原創動畫、遊戲與繪本等。官網上則分「簡單」、「普通」與「困難」三個等級來介紹玩法。

BASIC&IchigoJam BASIC

BASIC
我們和任何人都可以
立刻打成一片！
IchigoJam BASIC

這是什麼樣的語言？

BASIC是一名數學教授所創建的教學用程式語言，目的在於「即便不是數學家也可以輕鬆學習的語言」。

自從BASIC出現後，工學、醫學與藝術等各領域的學生都開始學習程式設計。

IchigoJam BASIC則是以BASIC為基礎所創建的小學生專用語言。

基本資料

- 出生年
  - BASIC：1964年
  - IchigoJam BASIC：2014年
- 出生地
  - BASIC：美國
  - IchigoJam BASIC：日本
- 開發者
  - BASIC：約翰・喬治・凱梅尼等人
  - IchigoJam BASIC：福野泰介
- 語言類型
  - 文本式

擅長的事

簡易的BASIC最擅長讓程式設計初學者輕鬆體驗文本式程式設計。

另外，IchigoJam BASIC則是利用一種名為「IchigoJam」的兒童專用個人電腦與應用程式，讓小學生也能輕鬆體驗程式設計。

推薦給這樣的人

適合已經透過Scratch等粗略體驗過視覺式程式設計，而想接著挑戰文本式程式設計的人。

使用IchigoJam，在連不上網際網路的地方也能享受程式設計的樂趣。

希望大家
都能熟悉文本式
程式設計！

相似的夥伴 COBOL

1000

和BASIC一樣，都是以「即便非數學家也能方便操作的語言」為目標打造而成。有別於以程式設計教學為目的而創建的BASIC，COBOL主要是為了減少創建商用軟體所耗費的心力與費用而開發的。誕生於1959年，是歷史悠久的古老語言，不過因為相當穩定而且可應對各式各樣的電腦，故而至今在金融界與行政機關等處仍是廣為使用、備受歡迎的語言。

Dolittle

用日文也可以玩程式設計！

這是什麼樣的語言？

源於日本，是一種為了教學而創建的程式語言。程式的指令語言是以日文為基礎編寫而成。名為turtle（海龜）的游標為其商標。名稱是源自於英語的「do little」，意指「只做一些」，隱含著「必須做的事不多＝可簡單編寫出程式」的願望。

基本資料

- 出生年
  - 2000年
- 出生地
  - 日本
- 開發者
  - 兼宗進
- 語言類型
  - 文本式

對會日文的人來說
更加淺顯易懂呢～
※海龜
※步行
※左邊
かめ
歩く
左

擅長的事

除了可操作游標來繪製圖形或創建遊戲外，還可編寫出演奏音樂的程式。亦可結合多種樂器來創造旋律，如樂團或管絃樂隊般進行合奏！

推薦給這樣的人

這種語言很適合想嘗試用日文來挑戰文本式程式的人。相較於其他程式語言只能用英文字母或符號來編寫程式，Dolittle的差別在於可用平時實際使用的語言來進行，所以應該能大大降低內心的障礙！

相似的夥伴　撫子（Nadesiko）

和Dolittle一樣，都是源於日本而可以用日文輸入的程式。是作為程式設計的入門再適合不過的簡易語言，也是一種商業用的語言，以Windows個人電腦來工作時能派上用場。備有1000多個便於工作的指令，比如複製數據或進行備份（預先將儲存的資料複製到其他地方）等。

C語言

我在程式設計界裡
是堪稱無所不能的
萬能神！

這是什麼樣的語言？

在程式語言中格外受歡迎，但也是最難的語言之一。

使用C語言來編寫程式的難度高，但相對地能應對的機器也多，可自由編寫出任何程式。以C語言為範本所創建的語言也不在少數，比如PHP（97頁）與Ruby（99頁）等。

基本資料

- 出生年
  - 1972年
- 出生地
  - 美國
- 開發者
  - 丹尼斯・里奇
- 語言類型
  - 文本式

擅長的事

C語言特別擅長製作電腦的OS。適合用來編寫OS的核心程式，從超級電腦乃至太空飛行系統，已運用於各式各樣的領域。就連微電腦的程式也大多是用C語言編寫而成。

推薦給這樣的人

考慮將來從事程式設計工作，並希望在大學等正式學習程式設計的人務必挑戰看看。雖然難度較高，但據說只要能掌握C語言，學習其他語言也會更為順暢！

相似的夥伴 C++

是C語言再進化而成的程式語言。是宛如C語言的孩子般的存在，和C語言一樣難操作。C++中備有各式各樣的功能，為的是提高開發程式時的效率。
也運用於世界級的知名IT企業的系統，以及用在為電影增色的CG製作軟體，與C語言並列為超高人氣語言。

Java

我在任何地方
都能迅速運作喔！

這是什麼樣的語言？

與電腦的類型或OS無關，是為了編寫出在任何環境中，都能以相同方式運作的程式而開發出的程式語言。因為可用來開發各式各樣的系統而活躍於廣泛的領域。有一種說法認為，其名稱是源自於開發成員經常光顧的咖啡館的菜單品項「爪哇咖啡」。

基本資料

- 出生年
  - 1995年
- 出生地
  - 加拿大
- 開發者
  - 詹姆斯・高斯林
- 語言類型
  - 文本式

擅長的事

特別擅長遊戲與應用程式的開發，世界各地人們所用的社群網路服務、發布影片的網站以及Google的應用程式等，都是利用Java編寫而成。

日常生活中所用的系統大多都是用Java來編寫程式。

推薦給這樣的人

Java和C語言一樣，都是對程式設計初學者第一次挑戰來說難度稍高的語言。不過只要學會了，便可運用於各種領域，可說是將來想以製作應用程式或遊戲為業的人必學的語言。

我在任何地方
都可以執行相同的程式……

相似的夥伴 Go

GO

是Google於2009年開發的程式語言。和Java一樣，可以編寫出在任何電腦的OS環境中都能運作的程式。

可由多名程式設計師同時經手同一個程式，所以很適合用於開發大規模的系統。近年來因為這種使用上的便利性而愈來愈受歡迎，也被用於IoT與無人機等。

程式語言

JavaScript

我因為反應迅速而
在網站世界大顯身手！

基本資料

- 出生年
  - 1995年
- 出生地
  - 美國
- 開發者
  - 布蘭登・艾克
- 語言類型
  - 文本式

這是什麼樣的語言？

這種語言最適合用來製作在網站瀏覽器上運作的程式。

特色在於可針對使用者在網站上執行的操作迅速做出回應，被認為是為網站帶來革命的程式語言。

順帶一提，雖然名稱看起來與Java極為相似，卻是完全不同的語言。

我會跟隨你的行動
移至任何位置！

擅長的事

JavaScript可以讓使用者憑直覺來操作網站。比方說，在網站上挪動地圖或及時顯示時間等。

這都要歸功於JavaScript可針對使用者的操作迅速做出反應。

15:00

推薦給這樣的人

對於想嘗試製作網路應用程式或網頁動畫的人而言，這種語言再適合不過了。雖然比其他專家使用的語言還要來得簡易，但仍需要一定程度的實力才能駕輕就熟。然而，一旦學會了，一定能成為編寫程式時的強大盟友！

相似的夥伴 PHP

和JavaScript一樣，是被用來開發各種網站服務與網路應用程式的語言。據說世界上大多數的網站都是利用PHP架設的。

亦可打造出這樣的網站：即便是同一個URL，也會根據瀏覽網站的人的簡介或拜訪網站的時段改變顯示的內容。因此，PHP大多被用於部落格或購物網站等。

Python

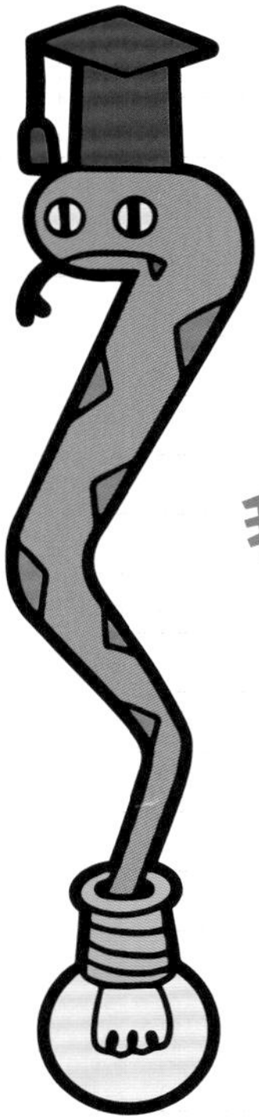
我是以程式庫為傲的
AI教練

這是什麼樣的語言？

這是號稱全球最受歡迎的程式語言。

可用來製作應用程式、遊戲與網站等各式各樣的東西，備有大量在開發AI時能派上用場的功能。

據說Python這個名稱是取自於英國熱門喜劇節目《蒙提·派森的飛行馬戲團（Monty Python's Flying Circus）》。

基本資料

- 出生年
  - 1991年
- 出生地
  - 荷蘭
- 開發者
  - 吉多・范羅蘇姆
- 語言類型
  - 文本式

擅長的事

Python備有許多程式庫（集結好幾個特定的程式以便隨時運用）而可配合目的靈活運用。

其中也備有不少AI相關的程式庫。

推薦給這樣的人

Python實用、簡易且淺顯易懂，連程式設計的初學者也能輕鬆操作，還被用於學校的程式設計教學。

尤其是將來想從事與AI研究或開發相關工作的人，先學好Python肯定不會吃虧！

相似的夥伴 Ruby

是日本創造的程式語言中首度獲得國際規格（既定標準）認可的語言。是以可在無壓力下享受程式設計為目的而開發出的語言，大多用於網路應用程式的製作。也有類似Python的功能，Ruby的開發者松本行弘先生曾說過，「如果我能滿足於Python的功能，Ruby就不會誕生了」，似乎視Python為其競爭語言。

專欄 如何學習程式語言

往後還會不斷出現
新的語言，
所以先學會基本概念
是很重要的喲！

不妨先從簡單的開始著手，再逐步升級！

如果是初次挑戰程式設計，建議選擇Scratch或IchigoJam BASIC等連小學生也能輕鬆學習的語言。首要之務是先穩紮穩打地努力學習一門簡單的語言，藉此學會程式設計的機制以及所有程式語言共通的基本概念。如此一來，當要學習更難的語言時也會容易許多！

開始編寫程式所需的準備

了解網際網路的危險性

使用網際網路時，最好不要輕易提供居住地址、電話號碼等個人資訊。因為可能會被濫用來做壞事。

訂下使用規則

為了預防過度使用或被捲入麻煩中，最好事先與家人討論使用的規則，比如個人電腦或平板電腦的使用時間與地點等。

備妥工具

與家人或學校老師商量，準備一台自己可以自由使用的個人電腦或平板電腦。有些地區圖書館也有提供個人電腦的出借。

如何選擇程式語言

不妨配合想製作的東西來挑選喜歡的語言！

決定好想用程式設計來製作什麼東西，比如遊戲或應用程式等，再選擇一門可以達成該目的的程式語言並全心全意投入其中。如果有多種選擇而猶豫不決時，不妨多嘗試幾種，再從中挑選喜歡的即可。無論做什麼事，如果不能樂在其中就無法持續下去。挑選一門自己學起來感到「很開心！」的語言才是最重要的！

如何學習程式語言

學習程式語言有很多種方法。不妨多方嘗試，
找到最適合自己的學習方式！

參加程式設計課

如果有不懂的地方可以立即發問，還可和同伴一起努力解決課題。

請教身邊的人

如果身邊有人有程式設計的經驗，不妨向其詢問自己查詢後仍不懂的內容。

上網站查詢

程式語言的官方網站等處不僅可查看使用方式，還能瀏覽使用該語言編寫而成的作品範例。

閱讀書籍

目前已出版了不少可以邊努力解決課題，邊學習用法的說明書或練習教材。

瑞可！還要再來玩喔～！
好，下次見！掰掰！
看來妳和大家徹底打成一片了呢。
對呀，多虧有大家，我對電腦已經有了大致的了解。
之前還怕得要命，多方了解後，心裡輕鬆了不少。
快工作！
哇嗚～
啊哈哈
電腦永遠都是你們人類的盟友。
電腦可以代為執行人類辦不到的事，
而人類的創造力又能讓電腦更加進化。
只要結合人類與電腦的力量，就可以開創出全新的未來喲！
正因為瑞可沒有逃避，而是正面對決，才能了解這一點。
我要努力和大家培養好感情！
嘿嘿，你說的對。
那麼，讓我來占卜一下瑞可的未來作為獎勵吧！
閃亮
現在？
妳看看水晶內部！
忐忑緊張

哇～～～～!!
閃亮
無論瑞可將來選擇什麼樣的道路，電腦與程式設計的知識肯定都能有所幫助呦！
閃亮
閃亮
興奮雀躍
太好了～！我開始期待未來了！
那太好了呦！
旋轉旋轉
那麼，是時候回到原本的世界了呦。
什麼！又要跳進那裡面嗎?!
因為在這個世界已經沒有什麼事可以教妳囉～
哇啊啊啊啊

唉呦！
碰
咚
嗚嗚。
抬頭
同樣的過程又來一次……
！
這裡…
是我上學路上第一次遇到小千的地方！
所以我們已經回到原本的世界了，小千……
奇怪？
靜止不動
滾動
?!
小千？醒醒啊！
你怎麼了？沒電了嗎？為什麼一動也不動？
晃動 晃動
飄落
嗯？
這是什麼……
翻開
給親愛的瑞可
電腦的世界有趣嗎？
我耗費太多體力了，所以有點睏。
如果妳想再和我一起玩，必須編寫一個用來喚醒我的程式並輸入我的體內。
只要將我背上的代碼連接到個人電腦上，就能輸入程式呦。

順帶一提，如果瑞可沒有喚醒我，我就會一直維持這樣的狀態。
要加油呦～
小千敬上
這麼嚴重的事居然這般輕描淡寫！
衝擊
不能一起玩？我不能接受！
急奔
砰！
媽媽！爸爸！現在立刻借我一台電腦～！
發生什麼事了，瑞可？
好，在這裡編寫程式對吧！
喚醒所需的必要指令是……
「小千，起身。」
抬起
「小千，站立。」
咻
「小千，睜開眼睛並說話。」
啪嚓
瑞可！妳動作真快呦。
哇～!!
小千！太好了～！
我辦到了！
早安呦
她之前明明還那麼害怕電腦和AI……
看來是交到好朋友了。
之後再一起到電腦世界中冒險吧！
終

結語

據預測，等大家長大成人後，很多工作都會消失，因為大多數的事務性工作都會被電腦取代。

實際上，到目前為止也有各式各樣的工作已經被機器替代了。

車站的剪票口幾乎全面自動化，剪票的站務員已不多見。有些超市還備有可自行結帳的無人收銀機。甚至出現由機器人幫忙上菜的餐飲店。因為電腦已經可以完成以前由人類進行的工作。想必這樣的趨勢往後也不會改變。

或許有人會為此感到不安。

約２００年前發起工業革命之時，也有些人因為害怕工作被機器剝奪而發起了機器破壞運動。

然而，在那之後，我們的生活有了什麼樣的改變？如今已變得比當時還要豐富多樣且

便利。隨著社會的變化，還催生出許多新的工作。IT企業創造出如今世界各地人們都在使用的服務，而這些公司都是在最近數十年間誕生的。

各位將在接下來的時代中生存，你們這一代將會逐漸創造出「前所未有的工作」。想必這些全新的工作幾乎都和電腦或AI脫不了關係。關鍵在於，該如何活用技術來創造些什麼。

電腦與AI很厲害，卻是憑藉人類的創造力孕育出來的。

大家想要打造一個什麼樣的社會呢？

不妨靠自己的創造力來開創未來吧！

監修者　石戸奈奈子

索引 ※中文依筆畫順序排列

本書的參考文獻

《決定版 コンピュータサイエンス図鑑》（創元社）、《ゼロから理解する IT テクノロジー図鑑》（プレジデント社）、
《コンピューター&テクノロジー解体新書 ビジュアル版》（SB クリエイティブ）、《絵と図でわかる AI と社会》（技術評論社）、
《図解 プログラミング教育がよくわかる本》（講談社）、《プログラミング教育ってなに？ 親が知りたい 45 のギモン》（ジャムハウス）、
《賢い子はスマホで何をしているのか》（日経 BP）、《12 歳までに身につけたい プログラミングの超きほん》（朝日新聞出版）、
《学校では教えてくれない大切なこと（29） AI って何だろう？ー人工知能が拓く世界ー》（旺文社）

監修者

石戶奈奈子

東京大學工學系畢業後，曾於麻省理工學院的媒體實驗室擔任客座研究人員，其後成立了NPO法人CANVAS、株式會社電子繪本（Digital Ehon Inc.）與一般社團法人超教育協會等，並就任代表一職。亦擔任慶應義塾大學的教授。多次擔任總務省資訊通訊審議會委員等省廳的委員。兼任NHK中央廣播節目審議會委員與數位電子看板集團（Digital Signage Consortium）的理事等。為政策與媒體博士。著作無數，有《什麼是程式設計教育？》（暫譯，Jam House出版）、《聰明的孩子會用智慧型手機做什麼？》（暫譯，日經BP出版）、監修《看漫畫長知識！親子共學程式設計教育》（暫譯，Impress出版）等。

＊本書所刊載的內容為2022年2月的資訊。
＊本書所刊載的企業名稱與產品名稱皆為各企業的註冊商標或商標等。文中一律省略註冊商標的標記等標示。
＊P67照片出處：U.S. Naval Historical Center Online Library

日文版工作人員
監修：Nanako Ishido
裝幀・內文設計：Yuki Todoroki（Kyoda Creation Co., Ltd.）
插圖：Takahiro Noda（Kyoda Creation Co., Ltd.）
照片提供：日本理化學研究所
編輯・執筆：amana inc.
執筆協力：Yoshitaka Arafune（Arafune Project）

0基礎也好懂！科技素養與邏輯力躍進的第一步！
電腦＆程式設計知識圖鑑

2022年10月1日初版第一刷發行

監 修 者　石戶奈奈子
譯　　者　童小芳
編　　輯　曾羽辰
美術編輯　黃瀞瑢
發 行 人　南部裕
發 行 所　台灣東販股份有限公司
＜地址＞台北市南京東路4段130號2F-1
＜電話＞(02)2577-8878
＜傳真＞(02)2577-8896
＜網址＞http://www.tohan.com.tw
郵撥帳號　1405049-4
法律顧問　蕭雄淋律師
總 經 銷　聯合發行股份有限公司
＜電話＞(02)2917-8022

TOHAN

國家圖書館出版品預行編目(CIP)資料

電腦＆程式設計知識圖鑑：0基礎也好懂！科技素養與邏輯力躍進的第一步！/石戶奈奈子監修；童小芳譯. -- 初版. -- 臺北市：臺灣東販股份有限公司, 2022.10
112面；19×21公分
ISBN 978-626-329-462-2(平裝)

1.CST: 電腦 2.CST: 電腦程式設計

312　　111013936